Arbeitsheft

Fundamente der Mathematik
Klasse 10
Gymnasium
Niedersachsen

LÖSUNGEN

Cornelsen

Inhaltsverzeichnis

Dieses Heft gehört: | Klasse:

Vierfeldertafeln und Wahrscheinlichkeiten

▶ Wissen

Sollen zwei in einer Datenmenge auftretende Eigenschaften untersucht werden, so kann man eine Vierfeldertafel verwenden. Den Eigenschaften können Wahrscheinlichkeiten zugeordnet werden.

Beispiel: Personen wurden gefragt, ob sie Geschwister haben. Zusätzlich wurde ihr Geschlecht notiert.

Vierfeldertafel mit absoluten Häufigkeiten

	Geschwister	keine Geschwister	insgesamt
weiblich	175	95	270
männlich	160	70	230
insgesamt	335	165	500

Vierfeldertafel mit relativen Häufigkeiten

	Geschwister	keine Geschwister	insgesamt
weiblich	35 %	19 %	54 %
männlich	32 %	14 %	46 %
insgesamt	67 %	33 %	100 %

Es wurden 500 Personen befragt. 95 weibliche Personen hatten keine Geschwister, das waren 19 %.

Eine zufällig ausgewählte Person hat mit einer Wahrscheinlichkeit von 32 % Geschwister und ist männlich.

▶ Auftrag: Ergänze die Vierfeldertafeln und die Sätze.

Aufgaben

1 Ergänze die Vierfeldertafeln.

a) Trage die fehlenden absoluten Häufigkeiten ein.

	Mitglied im Verein	kein Mitglied	insgesamt
weiblich	71	69	140
männlich	80	80	160
insgesamt	151	149	300

	Lehrlinge	keine Lehrlinge	insgesamt
unter 18 Jahren	57	80	137
ab 18 Jahren	89	112	201
insgesamt	146	192	338

b) Trage die fehlenden relativen Häufigkeiten bzw. Wahrscheinlichkeiten ein.

	Sportler	kein Sportler	insgesamt
Linkshänder	5 %	9 %	14 %
Rechtshänder	45 %	41 %	86 %
insgesamt	50 %	50 %	100 %

	Flugzeug	kein Flugzeug	insgesamt
weiblich	15 %	23 %	38 %
männlich	18 %	44 %	62 %
insgesamt	33 %	77 %	100 %

c) Die Tabellen gehören zu den gleichen Daten. Trage die fehlenden Häufigkeiten bzw. Wahrscheinlichkeiten ein.

	Flugzeug	Bahn	insgesamt
1. Wahl	88	20	108
2. Wahl	74	18	92
insgesamt	162	38	200

	Flugzeug	Bahn	insgesamt
1. Wahl	44 %	10 %	54 %
2. Wahl	37 %	9 %	46 %
insgesamt	81 %	19 %	100 %

2 Im Rahmen eines Theaterprojektes mit Laiendarstellern wurden alle Teilnehmer gefragt, ob sie beim Aufbauen ober beim Imbiss mithelfen könnten.
Alle 120 Teilnehmer waren dazu bereit, die Hälfte beim Aufbauen und 30 % sogar bei beidem.

a) Ergänze zu passenden Vierfeldertafeln.

Vierfeldertafel mit absoluten Häufigkeiten

	Hilfe beim Imbiss	keine Hilfe beim Imbiss	insgesamt
Hilfe beim Aufbau	36	24	60
keine Hilfe beim Aufbau	60	0	60
insgesamt	96	24	120

Vierfeldertafel mit relativen Häufigkeiten

	Hilfe beim Imbiss	keine Hilfe beim Imbiss	insgesamt
Hilfe beim Aufbau	30 %	20 %	50 %
keine Hilfe beim Aufbau	50 %	0 %	50 %
insgesamt	80 %	20 %	100 %

b) Ein Teilnehmer wird zufällig ausgewählt. Gib, wenn möglich, jeweils die Wahrscheinlichkeit an.

① Der Teilnehmer hilft beim Aufbau. 50 %

② Der Teilnehmer hilft nicht beim Imbiss. 20 %

③ Der Teilnehmer hilft nicht beim Imbiss und auch nicht beim Aufbau. 0 %

④ Der Teilnehmer hilft beim Imbiss oder beim Aufbau. 100 %

⑤ Der Teilnehmer ist älter als 18 Jahre. keine Aussage möglich

c) Eine der Schülerinnen oder einer der Schüler deiner Klasse wird zufällig ausgewählt.
Schätze, mit welcher Wahrscheinlichkeit diese Person eine Laiendarstellerin oder ein Laiendarsteller ist.
Begründe dein Ergebnis.

individuelle Lösung

d) Schreibe jeweils an die Äste des Baumdiagramms passende absolute Häufigkeiten.
Hinweis: Nutze eine Tabelle von Teilaufgabe **a** und finde die Lösung durch Probieren.

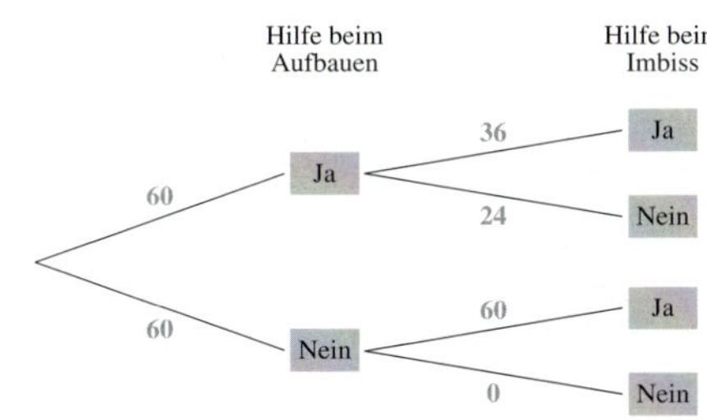

Vierfeldertafeln und Baumdiagramme

▶ Wissen

- Sollen zwei in einer Datenmenge auftretende Eigenschaften untersucht werden, so kann man eine Vierfeldertafel verwenden.
- Zu Vierfeldertafeln können Baumdiagramme aufgestellt werden.

Beispiel:
Vierfeldertafel mit relativen Häufigkeiten

	Möglichkeit 1	Möglichkeit 2	insgesamt
Möglichkeit A	a_1	a_2	a
Möglichkeit B	b_1	b_2	b
insgesamt	c_1	c_2	1

Baumdiagramm

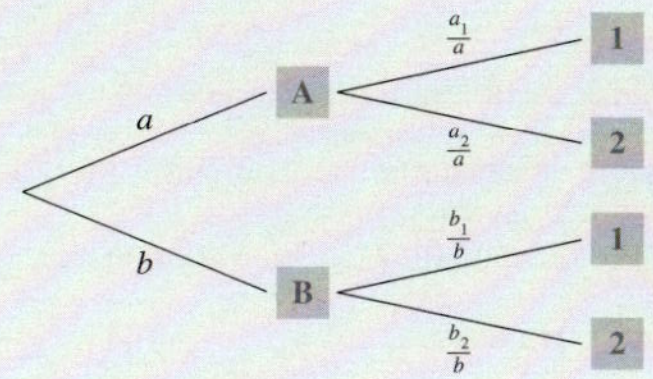

▶ Auftrag: Ergänze die Vierfeldertafel und das Baumdiagramm

Aufgaben

1 Ergänze zu passenden Baumdiagrammen.
Hinweis: In den Baumdiagrammen stehen jeweils die fett hervorgehobenen Buchstaben.

a) Qualitätskontrolle bei Trekkingschuhen

	mit Mangel	ohne Mangel	insgesamt
linker Schuh	0,015	0,485	0,50
rechter Schuh	0,02	0,48	0,50
insgesamt	0,035	0,965	1

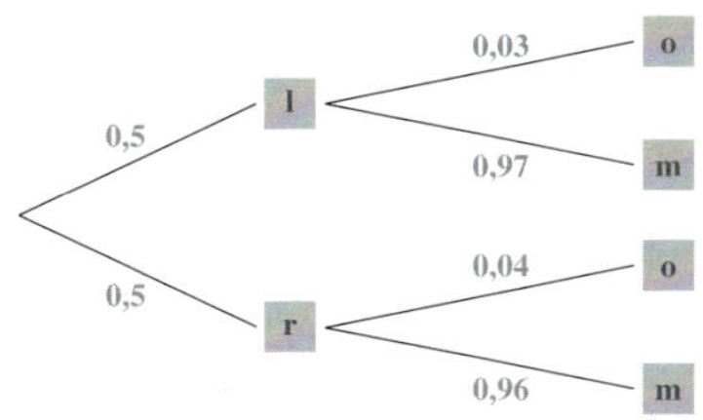

b) Vereinsmitglieder und Geschlecht

	Radfahrer	kein Radfahrer	insgesamt
weiblich	16,1 %	18,9 %	35 %
männlich	26 %	39 %	65 %
insgesamt	42,1 %	57,9 %	100 %

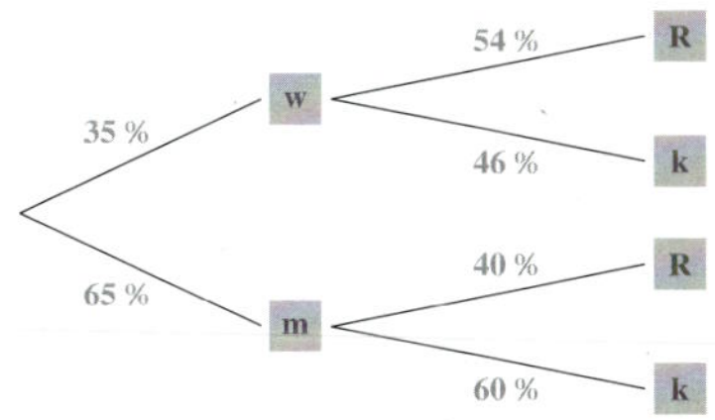

2 Die Tabelle und das Baumdiagramm gehören zu den gleichen Daten.
Trage die fehlenden Häufigkeiten bzw. Wahrscheinlichkeiten ein.

	Englisch	Französisch	insgesamt
1. Fremdsprache	0,56	0,14	0,7
2. Fremdsprache	0,18	0,12	0,3
insgesamt	0,74	0,26	1

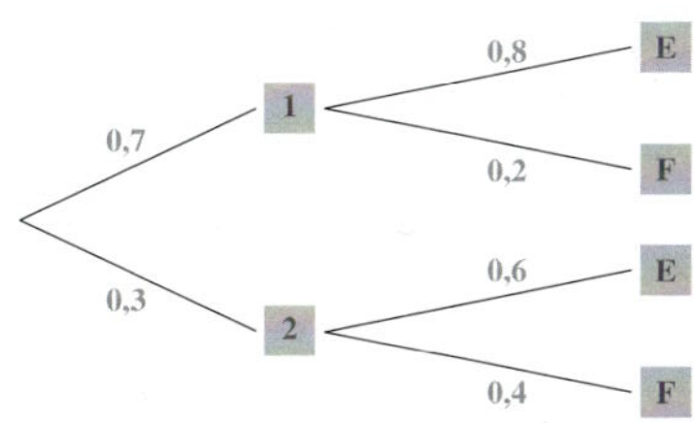

3 In der linken Kiste sind 7 grüne und 3 rote Äpfel.
In der rechten Kiste sind 8 grüne und 2 rote Äpfel.
Eine der Kisten wird zufällig ausgewählt und daraus wird ein Apfel ohne hinzusehen genommen.
Er ist grün.

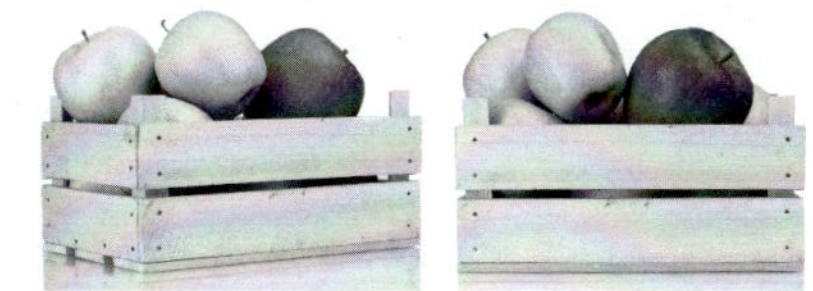

a) Veranschauliche die Situation mit einer Vierfeldertafel.

	grüne Äpfel	rote Äpfel	Äpfel insgesamt
linke Kiste	0,35	0,15	0,5
rechte Kiste	0,4	0,1	0,5
insgesamt	0,75	0,25	1

b) Wie groß ist die Wahrscheinlichkeit zufällig aus der linken Kiste einen grünen Apfel zu ziehen?
Wie wahrscheinlich ist es, dass die rechte Kiste ausgewählt wurde?

Die linke Kiste wurde mit einer Wahrscheinlichkeit von 35 % gewählt.

Die rechte Kiste wurde mit einer Wahrscheinlichkeit von 40 % gewählt.

c) Veranschauliche zuerst die Situation mit einem Baumdiagramm.
Berechne danach damit die Wahrscheinlichkeiten der Ereignisse E1 bis E3.
Schreibe die Rechnungen auf.
Zusatzaufgabe: Prüfe mithilfe der Vierfeldertafel bei Teilaufgabe **a**, ob deine Ergebnisse stimmen können.

E1: Die linke Kiste wurde zufällig ausgewählt und daraus wurde ohne hinzusehen ein grüner Apfel entnommen.

$P(E1) = 0,5 \cdot 0,8 = 0,4$

E2: Die rechte Kiste wurde zufällig ausgewählt und daraus wurde ohne hinzusehen ein grüner Apfel entnommen.

$P(E2) = 0,5 \cdot 0,9 = 0,45$

E3: Aus einer der Kisten wurde ein grüner Apfel entnommen.

$P(E3) = 0,5 \cdot 0,7 + 0,5 \cdot 0,8 = 0,75$

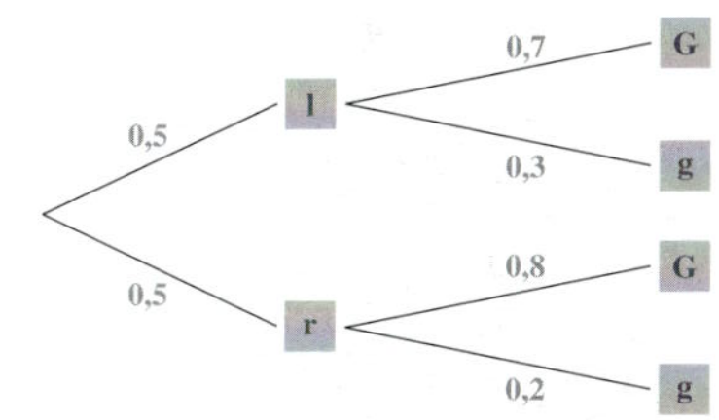

d) Die Wahrscheinlichkeit, zufällig aus der linken Kiste einen roten Apfel zu nehmen, beträgt $\frac{4}{9}$.
Die Gesamtzahl der Kisten ist gleich geblieben.
Ermittle, wie viele rote und grüne Äpfel in jeder der beiden Kisten sind.

z. B.

	grüne Äpfel	rote Äpfel	insgesamt
linke Kiste	$\frac{4}{9}$ (8 Äpfel)	$\frac{1}{18}$ (1 Apfel)	50 %
rechte Kiste	$\frac{7}{22}$ (7 Äpfel)	$\frac{2}{9}$ (4 Äpfel)	50 %
insgesamt	50 %	50 %	1

e) Ermittle, wie viele Möglichkeiten es gibt, alle grünen und roten Äpfel auf beide Kisten zu verteilen.

$11 \cdot 11 = 121$ Es gibt 121 Möglichkeiten, alle grünen und roten Äpfel auf beide Kisten zu verteilen.

Zehnerpotenzen

▶ Wissen

Sehr große bzw. sehr kleine Zahlen kann man mithilfe von Zehnerpotenzen darstellen.
Bei der wissenschaftlichen Schreibweise wird die Zahl als Produkt geschrieben,
bei dem der erste Faktor eine Zahl zwischen 1 und 10 und der zweite Faktor eine Zehnerpotenz ist.

Beispiele:

$31\,000\,000 = 3{,}1 \cdot 10\,000\,000 = 3{,}1 \cdot 10^7$ $\qquad$ $0{,}000\,001\,2 = 1{,}2 \cdot 0{,}000\,001 = 1{,}2 \cdot 10^{-6}$

▶ Auftrag: Ergänze die Beispiele.

Aufgaben

1 Wandle in wissenschaftliche Schreibweise um.

a) $176\,000 = 1{,}76 \cdot 100\,000 = 1{,}76 \cdot 10^5$ **b)** $28\,540\,000 = 2{,}854 \cdot 10\,000\,000 = 2{,}854 \cdot 10^7$

c) $0{,}008 = 8 \cdot 0{,}001 = 8 \cdot 10^{-3}$ **d)** $0{,}000023 = 2{,}3 \cdot 0{,}000\,01 = 2{,}3 \cdot 10^{-5}$

2 Schreibe als Dezimalzahl.

a) $7{,}9 \cdot 10^5 = 7{,}9 \cdot 100\,000 = 790\,000$ **b)** $8{,}91 \cdot 10^5 = 8{,}91 \cdot 100\,000 = 891\,000$

c) $8 \cdot 10^{-6} = 8 \cdot 0{,}000\,001 = 0{,}000\,008$ **d)** $7{,}36 \cdot \frac{1}{1000} = 7{,}36 \cdot 0{,}000\,1 = 0{,}007\,36$

3 Ergänze die Tabelle zu den Vorsätzen und deren Bedeutung.
Zusatzaufgabe: Nenne jeweils ein Beispiel für eine Größenangabe mit dem Vorsatz.

Faktoren, mit denen die Einheit multipliziert wird		
Faktor	Bedeutung	Vorsatz
$10^1 = 10$	Zehn	Deka (da)
$10^2 = 100$	Hundert	Hekto (h)
$10^3 = 1\,000$	Tausend	Kilo (k)
$10^6 = 1\,000\,000$	Million	Mega (M)
$10^9 = 1\,000\,000\,000$	Milliarde	Giga (G)
$10^{12} = 1\,000\,000\,000\,000$	Billion	Tera (T)

Faktoren, mit denen die Einheit multipliziert wird		
Faktor	Bedeutung	Vorsatz
$10^{-1} = 0{,}1$	Zehntel	Dezi (d)
$10^{-2} = 0{,}01$	Hundertstel	Zenti (c)
$10^{-3} = 0{,}001$	Tausendstel	Milli (m)
$10^{-6} = 0{,}000\,001$	Millionstel	Mikro (µ)
$10^{-9} = 0{,}000\,000\,001$	Milliardstel	Nano (n)
$10^{-12} = 0{,}000\,000\,000\,001$	Billionstel	Piko (p)

4 Ordne die Taschenrechnerangaben nach der Größe.
Beginne mit der kleinsten Zahl.

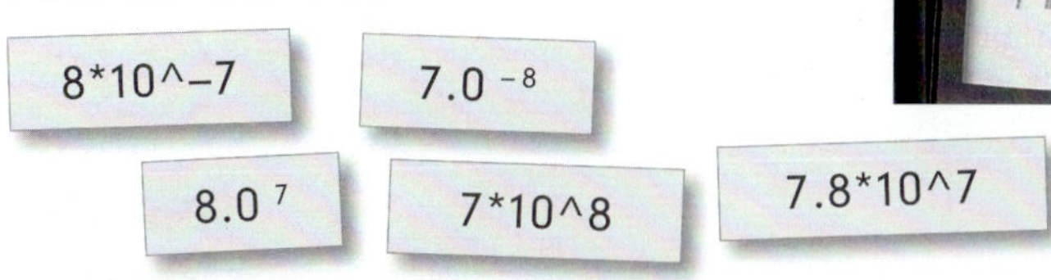

$7 \cdot 10^{-8} < 8 \cdot 10^{-7} < 7{,}8 \cdot 10^7 < 8 \cdot 10^7 < 7 \cdot 10^8$

5 Ordne jeweils mit Linien zu.

tausend Millionen	Quadrillion $(10^6)^4 = 10^{24}$
eine Million Billionen	Milliarde $10^3 \cdot 10^6 = 10^9$
die 4-te Potenz einer Million	Billion $10^6 \cdot 10^6 = 10^{12}$
tausend Trillionen	Trilliarde $10^3 \cdot 10^{18} = 10^{21}$
eine Million Millionen	Billiarde $10^3 \cdot 10^{12} = 10^{15}$
tausend Billionen	Quinquillion $(10^6)^5 = 10^{30}$
Anzahl von Zehntausend	Myriade 10^4
die 5-te Potenz einer Million	Trillion $10^6 \cdot 10^{12} = 10^{18}$

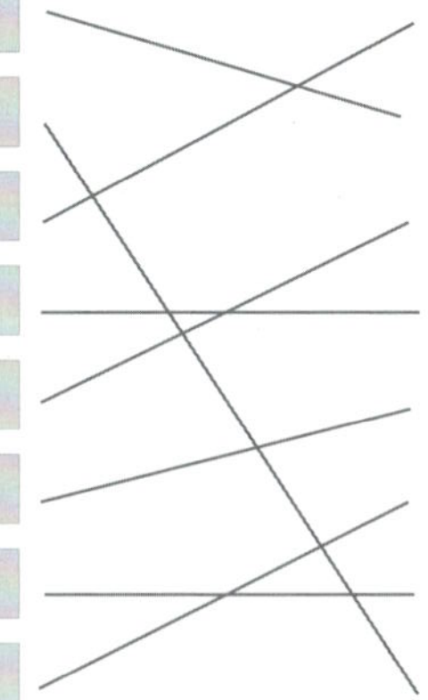

6 Eine Strecke ist ein Lichtjahr lang, wenn Licht zum Durchlaufen dieser Strecke ein Jahr benötigt.
Die Lichtgeschwindigkeit beträgt $3 \cdot 10^5 \frac{km}{s}$.

a) Gib ein Lichtjahr in Kilometern an.

$365{,}25 \cdot 24 \cdot 60 \cdot 60\,s = 31\,557\,600\,s$ $\qquad$ $31\,557\,600\,s \cdot 3 \cdot 10^5 \frac{km}{s} \approx 9{,}47 \cdot 10^{12}\,km$

Ein Lichtjahr ist etwa $9{,}47 \cdot 10^{12}$ km lang.

b) Die Erde ist durchschnittlich rund 150 Millionen Kilometer von der Sonne entfernt.
Wie lange braucht Licht, um von der Sonne zur Erde zu kommen?

$(150 \cdot 10^6) : (3 \cdot 10^5) = 500$ $\qquad$ $500 : 60 \approx 8{,}33$

Rund 8,33 Minuten braucht Licht, um von der Sonne zur Erde zu kommen.

c) Zahlreiche Autos werden in einem Jahr 10 000 km gefahren.
Wie lange braucht Licht für diese Strecke?

$10\,000 : (3 \cdot 10^5) \approx 0{,}03 = 3 \cdot 10^{-2}$

Etwa 0,03 s braucht Licht für diese Strecke.

7 Um wie viel Zentimeter ist der aus Eisen erbaute Eiffelturm (300 m) an einem Sommertag bei 30 °C höher als im Winter bei –15 Grad °C, wenn sich ein 1 m langer Eisenstab pro Grad Erwärmung um $1{,}2 \cdot 10^{-5}$ m ausdehnt?

$1{,}2 \cdot 10^{-5} = 0{,}000\,012$ Die Temperaturdifferenz beträgt 45 K.

$300\,m \cdot 0{,}000\,012 \cdot 45 = 0{,}162\,m = 16{,}2\,cm$

An einem Sommertag mit 30 °C ist der Eiffelturm 16,2 cm höher als bei einer Temperatur von –15 °C.

8 Zusatzaufgabe: Finde heraus, bei welchen Aufgaben dein Taschenrechner das Ergebnis automatisch mit abgetrennten Zehnerpotenzen angibt.

individuelle Lösung

Rechnen mit Potenzen

▶ Wissen

- Für alle reellen Zahlen a mit natürlichen Zahlen $n \geq 1$ gilt: $a^n = \underbrace{a \cdot a \cdot \ldots \cdot a}_{n \text{ Faktoren}}$.
- Für alle reellen Zahlen a und b mit Ausnahme von $a = 0$ und $b = 0$ und alle ganzzahligen Exponenten m und n gelten folgende Potenzgesetze.

$a^{-n} = \frac{1}{a^n}$ $(a \neq 0)$	Beispiele: $7^{-5} =$	$\frac{1}{7^5}$
$a^0 = 1$ $(a \neq 0)$	$7^0 =$	1
$a^m \cdot a^n = a^{m+n}$	$7^5 \cdot 7^3 =$	7^8
$\frac{a^m}{a^n} = a^{m-n}$ $(a \neq 0)$	$\frac{7^5}{7^3} =$	7^2
$a^n \cdot b^n = (a \cdot b)^n$	$7^5 \cdot 4^5 =$	$(7 \cdot 4)^5 = 28^5$
$\frac{a^n}{b^n} = \left(\frac{a}{b}\right)^n$ $(b \neq 0)$	$\frac{7^5}{4^5} =$	$\left(\frac{7}{4}\right)^5$
$(a^m)^n = a^{m \cdot n}$	$(7^5)^3 =$	$7^{5 \cdot 3} = 7^{15}$

▶ Auftrag: Ergänze die Beispiele.

Aufgaben

1 Ergänze die Zahlen. Nutze keinen Taschenrechner.

n	0	1	2	3	4	5
10^n	1	10	100	1 000	10 000	100 000
10^{-n}	1	$\frac{1}{10} = 0{,}1$	$\frac{1}{100} = 0{,}01$	$\frac{1}{1000} = 0{,}001$	$\frac{1}{10000} = 0{,}0001$	$\frac{1}{100000} = 0{,}00001$
5^n	1	5	25	125	625	3 125
2^{-n}	1	$\frac{1}{2} = 0{,}5$	$\frac{1}{4} = 0{,}25$	$\frac{1}{8} = 0{,}125$	$\frac{1}{16} = 0{,}0675$	$\frac{1}{32} = 0{,}03125$

2 Vergleiche. Nutze keinen Taschenrechner.

a) $7^3 < 7^4$ b) $7+7+7+7 < 7^4$ c) $7 \cdot 7 \cdot 7 \cdot 7 \cdot 7 = 7^5$ d) $4^7 > 3^7$

e) $7^{-3} < 7^4$ f) $\left(\frac{1}{7}\right)^4 = 7^{-4}$ g) $(-7)^5 < 7^5$ h) $(-7)^5 < 7^{-5}$

i) $(-7)^8 > 7^{-8}$ j) $-7^8 < 7^{-8}$ k) $\left(\frac{1}{7}\right)^5 = 7^{-5}$ l) $\left(-\frac{1}{7}\right)^5 < 7^{-5}$

3 Fasse zu möglichst wenigen Potenzen zusammen. Nutze keinen Taschenrechner.

a) $7^3 \cdot 7^4 = 7^7$ b) $7^3 \cdot 7^4 \cdot 7^4 = 7^{11}$ c) $7^{-8} \cdot 7^{-5} = 7^{-13}$

d) $7^{-8} \cdot 7^5 \cdot 7 \cdot 7^{-5} = 7^{-7}$ e) $7^{32} : 7^4 = 7^{28}$ f) $7^3 : 7^{10} = 7^{-7}$

g) $7^{-8} : 7^{-9} = 7$ h) $7^{-8} : 7^5 = 7^{-13}$ i) $7^{32} : (-7)^8 + 7^{-8} = 7^{24} + 7^{-8}$

j) $-7^8 - 7^{-8} \cdot 7^4 = -7^8 - 7^{-4}$ k) $\left(\frac{1}{7}\right)^5 - 7^{-5} = 0$ l) $\left(-\frac{1}{7}\right)^5 + 7^5 : 7^{-5} = \left(-\frac{1}{7}\right)^5 + 7^{10}$

m) $10^4 : 5^4 = 2^4$ n) $0{,}5^6 \cdot 8^6 = 4^6$ o) $3^{-8} \cdot 2^{-8} = 6^{-8}$

p) $4^7 \cdot 7^3 \cdot 7^4 = 28^7$ q) $(7^3 : 7^6) \cdot 9^{-3} = 63^{-3}$ r) $(7^{-8})^3 \cdot 7^5 = 7^{-19}$

4 Ermittle die Ergebnisse in Form eines (gekürzten) Bruchs oder einer Dezimalzahl. Nutze keinen Taschenrechner.

a) $(-4)^{-6} \cdot (-4)^3 \cdot (-4)^5 = 16$ b) $\sqrt[3]{25} \cdot \sqrt[3]{5} = 5$

c) $-0{,}6^{-3} = -\frac{125}{27} = -4{,}\overline{629}$ d) $-0{,}5^{-4} \cdot 0{,}5^4 = -1$

e) $\left[\left(-\frac{4}{5}\right)^{-1}\right]^{-3} = -\frac{64}{125} = -0{,}512$ f) $\left[\left(\frac{2}{3}\right)^{-2}\right]^{-3} : \left[\left(\frac{3}{2}\right)^{-2}\right]^{-3} = \left(\frac{4}{9}\right)^6 \approx 0{,}0077$

5 Finde mithilfe der Potenzgesetze zehn Aufgaben, deren Ergebnis 256 ist und in denen nur 2 als Basis vorkommt.
Hinweis: Überprüfe deine Lösungen mit dem Taschenrechner.

z. B.
$2^4 \cdot 2^4 = 2^8 = 256$ $2^{10} : 2^2 = 2^8 = 256;$ $(2^4)^2 = 2^8 = 256;$

$0{,}5^8 \cdot 4^8 = 2^8 = 256;$ $12^8 : 6^8 = 2^8 = 256;$ …

6 Vergleich von $9^{(9^9)}$ und $(9^9)^9$

a) Vergleiche die Werte von $9^{(9^9)}$ und $(9^9)^9$.

$(9^9)^9 = 9^{9 \cdot 9} = 9^{(9^2)}$ Da $9^2 < 9^9$ ist, gilt $9^{(9^2)} < 9^{(9^9)}$.

Hinweis: Der Ausdruck 9^{9^9} ist demzufolge nicht sinnvoll.

b) Aus wie vielen Ziffern besteht die $9^{(9^9)}$ entsprechende Dezimalzahl ungefähr? Kreuze entsprechend an.

☐ 369 Ziffern ☐ 33 100 Ziffern ☐ 3 969 100 Ziffern ☒ 369 693 100 Ziffern

c) Schätze, wie viele DIN-A4-Seiten man zum Ausdrucken der dem Term $9^{(9^9)}$ entsprechenden Dezimalzahl brauchen würde. Wie breit müsste demnach eine 1 m hohe Tafel sein, um alle diese Seiten anheften zu können?
Hinweis: Überschlage zunächst, wie viele Ziffern auf eine Seite passen.

$369\,693\,100 : 2000 \approx 184\,847$ Angenommen, 2 000 Ziffern passen auf jede Seite, dann wären es 184 847 Seiten.

$21\,\text{cm} \cdot 29{,}7\,\text{cm} \approx 624\,\text{cm}^2$ $624\,\text{cm}^2$ ist der Flächeninhalt einer Seite.

$624\,\text{cm}^2 \cdot 184\,847 = 115\,344\,528\,\text{cm}^2 \approx 11\,534\,\text{m}^2$ Die Tafel müsste folglich fast 12 km breit sein.

7 Jemand „beweist“ auf folgende Art, dass 5 = 11 gilt. Wo steckt der Fehler? Begründe deine Antwort.

$\left(\frac{5}{11}\right)^x = \left(\frac{11}{5}\right)^7$

$\frac{5^x}{11^x} = \frac{11^7}{5^7}$

$5^x \cdot 5^7 = 11^7 \cdot 11^x$

$5^{x+7} = 11^{x+7}$

$5 = 11$

Die letzte Umformung ist falsch.

Zwar folgt aus $a = b$ die Gleichung $a^{x+7} = b^{x+7}$,

umgekehrt folgt aber aus $a^{x+7} = b^{x+7}$ nicht

$a = b$; z. B. ist $5^{-7+7} = 11^{-7+7}$ $(1 = 1)$.

Rechnen mit Wurzeln

▶ Wissen

- $\sqrt[n]{a}$ ist diejenige nichtnegative Zahl b, für die gilt $b^n = a$ mit $a > 0$, $b > 0$ und $n \geq 2$.
- Für alle reellen Zahlen a und b und alle natürlichen Zahlen m und n mit $m \neq 0$ und $n \neq 0$ gelten folgende Wurzelgesetze.

	Beispiele:
$\sqrt[n]{a} \cdot \sqrt[n]{b} = \sqrt[n]{a \cdot b}$	$\sqrt[3]{5} \cdot \sqrt[3]{25} = \sqrt[3]{125} = 5$
$\frac{\sqrt[n]{a}}{\sqrt[n]{b}} = \sqrt[n]{\frac{a}{b}}$	$\frac{\sqrt[3]{500}}{\sqrt[3]{4}} = \sqrt[3]{\frac{500}{4}} = \sqrt[3]{125} = 5$
$\sqrt[m]{\sqrt[n]{a}} \cdot \sqrt[m \cdot n]{a} = \sqrt[n]{\sqrt[m]{a}}$	$\sqrt[2]{\sqrt[3]{64}} = \sqrt[6]{64} = \sqrt[3]{\sqrt[2]{64}} = 2$
$(\sqrt[n]{a})^m = \sqrt[n]{a^m}$	$\sqrt[2]{25^3} = (\sqrt[2]{25})^3 = 5^3 = 125$

▶ Auftrag: Ergänze die Beispiele.

Aufgaben

1 Markiere gleichwertige Terme mit der gleichen Farbe.

$5^{\frac{1}{2}}$ A	$\sqrt{5^2}$ B	$\sqrt[2]{25}$ B	5 B	$25^{\frac{3}{2}}$ C	$(\sqrt{25})^3$ C	$\sqrt{5}$ A	$\sqrt[2]{25^3}$ C	$25^{\frac{1}{2}}$ B	125 C

2 Berechne jeweils den Wert des Terms. Nutze keinen Taschenrechner.
Hinweis: Kontrolliere deine Ergebnisse mit dem Taschenrechner.

a) $\sqrt[2]{2} \cdot \sqrt[2]{50} = \sqrt[2]{100} = \sqrt[2]{10 \cdot 10} = 10$

b) $\sqrt[3]{2} \cdot \sqrt[3]{4} = \sqrt[3]{8} = \sqrt[3]{2 \cdot 2 \cdot 2} = 2$

c) $\sqrt[4]{3} \cdot \sqrt[4]{27} = \sqrt[4]{81} = \sqrt[4]{3 \cdot 3 \cdot 3 \cdot 3} = 3$

d) $\sqrt[4]{4} \cdot \sqrt[4]{64} = \sqrt[4]{4 \cdot 4 \cdot 4 \cdot 4} = 4$

e) $\sqrt{36 \cdot 4} = \sqrt{36} \cdot \sqrt{4} = 6 \cdot 2 = 12$

f) $\sqrt[3]{27 \cdot 8} = \sqrt[3]{27} \cdot \sqrt[3]{8} = 3 \cdot 2 = 6$

g) $\sqrt[4]{81 \cdot 81} = \sqrt[4]{81} \cdot \sqrt[4]{81} = 3 \cdot 3 = 9$

h) $\sqrt[3]{27 \cdot 8 \cdot 64} = \sqrt[3]{27} \cdot \sqrt[3]{8} \cdot \sqrt[3]{64} = 3 \cdot 2 \cdot 4 = 24$

i) $\sqrt[2]{200} : \sqrt[2]{2} = \sqrt[2]{\frac{200}{2}} = \sqrt[2]{100} = 10$

j) $\frac{\sqrt{128}}{\sqrt{0{,}5}} = \sqrt{\frac{128}{0{,}5}} = \sqrt{256} = 16$

k) $\sqrt[3]{10\,000} \cdot \sqrt[3]{\frac{1}{10}} = \sqrt[3]{\frac{10\,000}{10}} = \sqrt[3]{1\,000} = 10$

l) $\sqrt{28}/\sqrt{7} = \sqrt{\frac{28}{7}} = \sqrt{4} = 2$

m) $\sqrt[2]{\sqrt[3]{1\,000\,000}} = \sqrt[6]{1\,000\,000} = 10$

n) $\sqrt[2]{\sqrt[3]{64}} = \sqrt[3]{\sqrt[2]{64}} = \sqrt[3]{64} = 2$

3 Vereinfache die Terme.

a) $\sqrt[7]{a} \cdot \sqrt[7]{b} = \sqrt[7]{ab}$

b) $\sqrt[3]{5a} \cdot \sqrt[3]{25b} = \sqrt[3]{5 \cdot 25 \cdot a \cdot b} = 5 \cdot \sqrt[3]{ab}$

c) $\sqrt[4]{16a} \cdot \sqrt[4]{16b} = \sqrt[4]{(16)^2 \cdot a \cdot b} = 4 \cdot \sqrt[4]{ab}$

d) $\sqrt[5]{5a^3} \cdot \sqrt[5]{2a^2} = \sqrt[3]{5 \cdot 2 \cdot a^3 \cdot a^2} = a \cdot \sqrt[5]{10}$

e) $\sqrt[3]{a^5} \cdot \sqrt[3]{a} = \sqrt[3]{a^6} = a^2$

f) $\sqrt[3]{9a^2b} \cdot \sqrt[3]{3ab^2} = \sqrt[3]{27 \cdot a^3 \cdot b^3} = 3ab$

g) $\sqrt[7]{a} : \sqrt[7]{b} = \sqrt[7]{\frac{a}{b}}$

h) $\sqrt[3]{270a} : \sqrt[3]{10a^2} = \sqrt[3]{\frac{270a}{10a^2}} = 3 \cdot \sqrt[3]{\frac{1}{a}}$

i) $\sqrt[3]{80a^5} : \sqrt[3]{10a^2} = \sqrt[3]{\frac{80a^5}{10a^2}} = \sqrt[3]{8a^3} = 2a$

j) $\sqrt[4]{\frac{a^6 \cdot a^3}{10a^2}} = \sqrt[4]{\frac{a^7}{10}} = \frac{\sqrt[4]{a^7}}{\sqrt[4]{10}}$

k) $\sqrt[6]{\sqrt[5]{a^6}} = \sqrt[5]{\sqrt[6]{a^6}} = \sqrt[5]{a}$

l) $\frac{\sqrt[4]{5ab^3} \cdot \sqrt[3]{b^5}}{\sqrt[3]{a^5}} = \sqrt[4]{5ab^3} \cdot \frac{\sqrt[3]{b^5}}{\sqrt[3]{a^5}} = \sqrt[4]{5ab^3} \cdot \sqrt[3]{\left(\frac{b}{a}\right)^5}$

m) $\sqrt[3]{\frac{a^{12} \cdot b^6}{(ab)^3}} = \sqrt[3]{\frac{(ab)^3 \cdot a^9 \cdot b^3}{(ab)^3}} = \sqrt[3]{a^9 \cdot b^3} = a^3 b$

n) $\sqrt[3]{\frac{a^{12} \cdot b^6}{(ab)^6}} = \sqrt[3]{\frac{(ab)^6 \cdot a^6}{(ab)^6}} = \sqrt[3]{a^6} = a^2$

4 Gib die Lösungen an.

a) $\sqrt[3]{x} = 3$ — $L = \{27\}$

b) $\sqrt[3]{x} = 10$ — $L = \{1\,000\}$

c) $\sqrt[5]{x} = 2$ — $L = \{32\}$

d) $\sqrt[4]{x} = 10$ — $L = \{10\,000\}$

e) $\sqrt[2]{x} + 3 = 4$ — $L = \{1\}$

f) $\sqrt[3]{x} + 3 = 5$ — $L = \{8\}$

g) $\sqrt[5]{x} - 2 = 8$ — $L = \{100\,000\}$

h) $\sqrt[5]{x} = x$ — $L = \{0;\, 1\}$

5 Löse die Zahlenrätsel.

a) Wenn man zu einer einstelligen Zahl zuerst 13 addiert und danach aus dem Ergebnis die Quadratwurzel zieht, erhält man den Nachfolger der Zahl.

Gleichung: $\sqrt{x + 13} = x + 1$ $\quad \sqrt{3 + 13} = 3 + 1$ $\quad L = \{3\}$

Die gesuchte Zahl ist 3.

b) Die vierte Wurzel aus 81 ist genauso groß wie sechs minus die Quadratwurzel von x.

Gleichung: $\sqrt[4]{81} = 6 - \sqrt{x}$ $\quad \sqrt[4]{81} = 6 - \sqrt{9}$ $\quad L = \{9\}$

Die gesuchte Zahl ist 9.

6 Löse die Wurzelgleichungen mithilfe der Vorgaben.

a) $\sqrt{x^2 + 12} - 2 = x$

0. Definitionsbereich ermitteln.

$x^2 + 12 \geq 0$	$\mid -12$
$x^2 \geq -12$	$D = \mathbb{R}$

1. Wurzelterm isolieren.

$\sqrt{x^2 + 12} - 2 = x$	$\mid +2$
$\sqrt{x^2 + 12} = x + 2$	$\mid$ „$(\ldots)^2$"

2. Potenzieren und Gleichung lösen.

$x^2 + 12 = x^2 + 4x + 4$	$\mid -x^2 - 4$
$8 = 4x$	$\mid :4$
$2 = x$	

3. Probe durchführen.

$\sqrt{2^2 + 12} - 2 = 2$

$\sqrt{16} - 2 = 2$

$2 = 2$ ist eine wahre Aussage.

$L = \{\,2\,\}$

b) $\sqrt{x^2 - 10} + x = 1$

0. Definitionsbereich ermitteln.

$x^2 - 10 \geq 0$	$\mid +10$
$x^2 \geq 10$	$D = \mathbb{R}$

1. Wurzelterm isolieren.

$\sqrt{x^2 - 10} + x = 1$	$\mid -x$
$\sqrt{x^2 - 10} = 1 - x$	$\mid$ „$(\ldots)^2$"

2. Potenzieren und Gleichung lösen.

$x^2 - 10 = x^2 - 2x + 1$	$\mid -x^2 - 1$
$-11 = -2x$	$\mid :(-2)$
$5{,}5 = x$	

3. Probe durchführen.

$\sqrt{(5{,}5)^2 - 10} + 5{,}5 = 1$

$4{,}5 + 5{,}5 = 1$

$10 = 1$ ist eine falsche Aussage.

$L = \{\;\}$

Lineares Wachstum

▶ Wissen

Lineares Wachstum liegt vor, wenn in gleich langen Zeitspannen die Zu- oder Abnahme den gleichen Wert hat.
Es gilt: $B(n) = B(n-1) + C$ (rekursive Form)
$B(n) = B(0) + n \cdot C$ (explizite Form)

$B(n)$: Bestand zum Zeitpunkt n
C: Zu- oder Abnahme (Steigung)
n: Anzahl der gleichen Zeitspannen

Beispiel: In einem Schrank sind 4 Tafeln Schokolade.
Jeden Tag wird eine halbe Tafel davon weggenommen.

$B(n) = 4 - 0{,}5 \cdot n$

Tage (n)	1	2	3	4	5	6	7	8
Tafeln $B(n)$	3,5	3,0	2,5	2,0	1,5	1,0	0,5	0

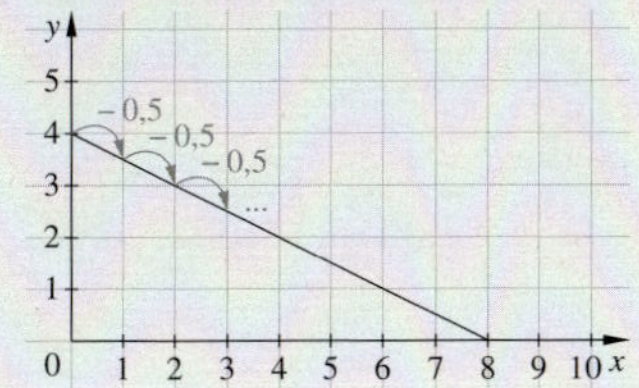

▶ Auftrag: Ergänze die Tabelle.

Aufgaben

1 Lineares Wachstum

① $B(n) = 1 + 2 \cdot n$

Zeit in min	0	1	2	3
fertige Teile	1	3	5	7

② $B(n) = 0{,}5 + 0{,}25 \cdot n$

Zeit in h	2	4	6	10
Abstand in km	1	1,5	2	3

③ $B(n) = 7 - 1{,}5 \cdot n$

Zeit in Wochen	0	1	2	3
Tüten Futter	7	5,5	4	2,5

④ $B(n) = 3 - 0{,}2 \cdot n$

Zeit in Monaten	2	3	4	5
Betrag in €	2,6	2,4	2,2	2

a) Ermittle jeweils den fehlenden Wert.

b) Stelle die Daten grafisch dar.

c) Markiere positives und negatives Wachstum mit unterschiedlichen Farben.

☐ positives lineares Wachstum $(C > 0)$ ....

☐ negatives lineares Wachstum $(C < 0)$ - - - - - - -

d) Ordne die Gleichungen den Tabellen zu und gib die Zu- oder Abnahme in je einer Zeitspanne an.

$B(n) = 7 - 1{,}5 \cdot n$	③	−1,5 Tüten
$B(n) = 0{,}5 + 0{,}25 \cdot n$	②	0,25 km
$B(n) = 1 + 2 \cdot n$	①	2 Teile
$B(n) = 3 - 0{,}2 \cdot n$	④	−0,20 €

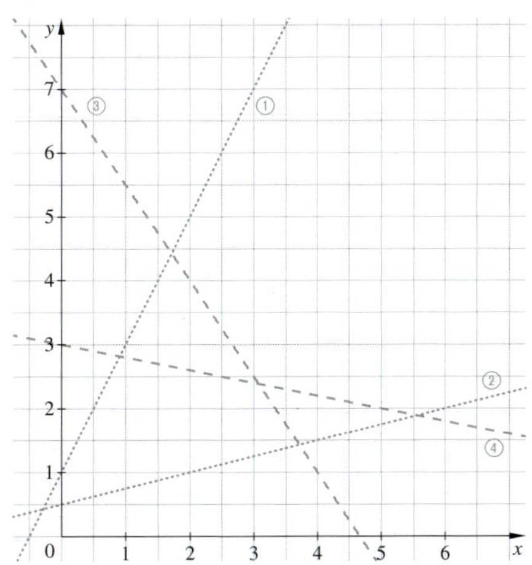

2 Wahr oder falsch?

① Lineares Wachstum kann mit einer linearen Funktion $y = mx + b$ beschrieben werden. ☒ wahr ☐ falsch
② Bei linearem Wachstum werden die Werte der Funktion immer größer. ☐ wahr ☒ falsch
③ Bei linearem Wachstum geht die passende Gerade durch den Punkt $P(0|0)$. ☐ wahr ☒ falsch

3 Lineares Wachstum in unterschiedlichen Darstellungsformen

a) Kreuze jeweils die passenden Formeln an und berechne die fehlenden Werte.

①

n	0	1	2	3	4	5
$B(n)$	1	3	5	7	9	11

☐ $B(n) = B(0) + 2$ ☒ $B(n) = B(n-1) + 2$
☒ $B(n) = B(0) + 2n$ ☐ $B(n) = B(n-1) - 2$

②

n	0	1	2	3	4	5
$B(n)$	10	9,5	9	8,5	8	7,5

☐ $B(n) = B(0) - 0{,}5$ ☐ $B(n) = B(n+1) - 5$
☒ $B(n) = B(0) - 0{,}5n$ ☒ $B(n) = B(n-1) - 0{,}5$

③

n	0	1	2	3	4	5
$B(n)$	5	8	11	14	17	20

☐ $B(n) = B(0) + 8$ ☐ $B(n) = B(n-1) + 8$
☒ $B(n) = B(0) + 3n$ ☒ $B(n) = B(n-1) + 3$

④

n	0	10	20	30	40	50
$B(n)$	2,2	7,2	12,2	17,2	22,2	27,2

☐ $B(n) = B(0) + 5n$ ☐ $B(n) = B(n-1) + 5$
☒ $B(n) = B(0) + 0{,}5n$ ☒ $B(n) = B(n-1) + 0{,}5$

b) Gib das lineare Wachstum in beiden Formen an.

③

n	0	1	2	3	4	5
$B(n)$	10	12	14	16	18	20

explizite Form: $B(n) = B(0) + 2n$
rekursive Form: $B(n) = B(n-1) + 2$

④

n	0	1	2	3	4	5
$B(n)$	0	11	22	33	44	55

explizite Form: $B(n) = B(0) + 11n$
rekursive Form: $B(n) = B(n-1) + 11$

c) Schreibe jeweils eine passende Formel in der rekursiven und in der expliziten Form auf.

① Ein Haar wächst etwa 10 mm pro Monat.

$B(n) = B(0) + 10n$ $B(n) = B(n-1) + 10$

② Pro Stunde werde etwa 20 Brote verkauft.

$B(n) = B(0) - 20n$ $B(n) = B(n-1) - 20$

4 Konzentration von Kohlendioxid in der Atmosphäre
Hinweis: „ppm“ steht für „Teile von einer Million“ („parts per million“).

a) Ermittle die jährliche Zunahme der Konzentration von Kohlendioxid in der Atmosphäre.

$2000 - 1970 = 30$
$375 - 325 = 50$ $50 : 30 = 1{,}\overline{6}$

Die jährliche Zunahme beträgt etwa $1{,}\overline{6}$ ppm.

b) Beschreibe den jährlichen prozentualen Zuwachs der Konzentration von Kohlendioxid in der Atmosphäre.

Der jährliche prozentuale Zuwachs der Konzentration von Kohlendioxid in der Atmosphäre wurde von Jahr zu Jahr geringer, obwohl die Konzentration stieg (da der Grundwert von Jahr zu Jahr größer wurde).

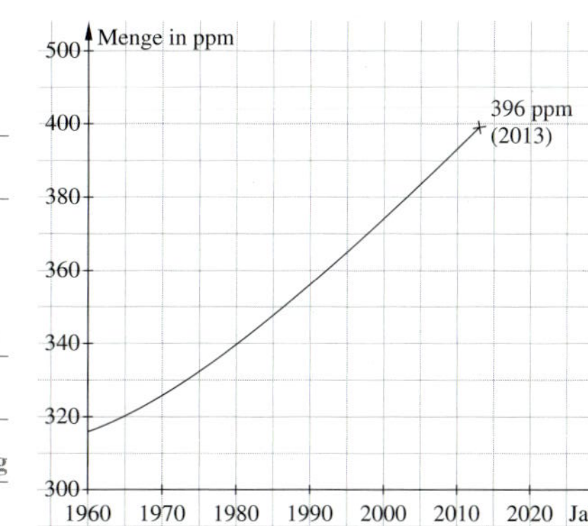

c) Gib die Konzentration von Kohlendioxid in der Atmosphäre im Jahr 2030 an, falls sich die abgebildete Entwicklung derartig fortsetzt.

$370 + (30 \cdot 1{,}2) \approx 425$

Falls sich die Entwicklung fortsetzt, beträgt das Kohlendioxid in der Atmosphäre im Jahr 2030 etwa 425 ppm.

Exponentielles Wachstum

▶ Wissen

Exponentielles Wachstum liegt vor, wenn in gleich langen Zeitspannen die Zu- oder Abnahme den gleichen Faktor hat. Es gilt: $B(n) = b \cdot B(n-1)$ (rekursive Form)
$B(n) = B(0) \cdot b^n$ (explizite Form)

$B(n)$: Bestand zum Zeitpunkt n
b: Wachstumsfaktor
n: Anzahl der gleichen Zeitspannen

Beispiel: In einem Schrank sind 4 Tafeln Schokolade.
Jeden Tag wird die Hälfte davon weggenommen.

$B(n) = 4 \cdot 0{,}5^n$

Tage (n)	0	1	2	3	4	5
Tafeln $B(n)$	4	2	1	0,5	0,25	0,125

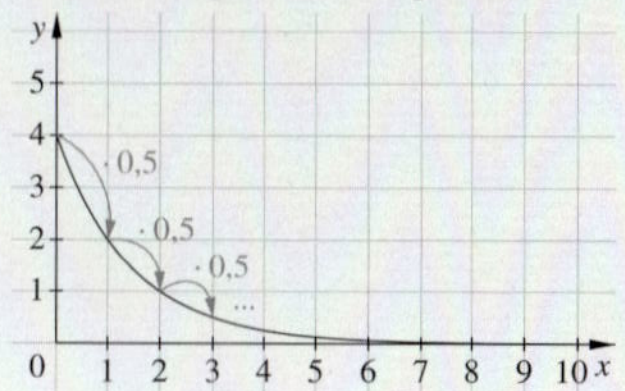

▶ Auftrag: Ergänze die Tabelle.

Aufgaben

1 Exponentielles Wachstum mit $B(n) = B(0) \cdot b^n$

① $B(n) = 0{,}5 \cdot 2^n$

n	0	1	2	3	4
$B(n)$	0,5	1	2	4	8

② $B(n) = 5 \cdot 0{,}2^n$

n	0	1	2	3	4
$B(n)$	5	1	0,2	0,04	0,008

③ $B(n) = 2 \cdot 1{,}2^n$

n	0	1	2	3	4
$B(n)$	2	2,4	2,88	3,456	4,1472

④ $B(n) = 2 \cdot 0{,}5^n$

n	0	1	2	3	4
$B(n)$	2	1	0,5	0,25	0,125

a) Ermittle jeweils den fehlenden Wert und trage die Punkte im Koordinatensystem ein.

b) Ordne die Gleichungen den Tabellen zu und gib die Zu- oder Abnahme in je einer Zeitspanne an.

$B(n) = 0{,}5 \cdot 2^n$ ① $b =$ 2

$B(n) = 2 \cdot 0{,}5^n$ ④ $b =$ 0,5

$B(n) = 5 \cdot 0{,}2^n$ ② $b =$ 0,2

$B(n) = 2 \cdot 1{,}2^n$ ③ $b =$ 1,2

c) Markiere positives und negatives Wachstum mit unterschiedlichen Farben.

☐ positives exponentielles Wachstum $(b > 0)$ ....

☐ negatives exponentielles Wachstum $(b < 0)$ - - - - -

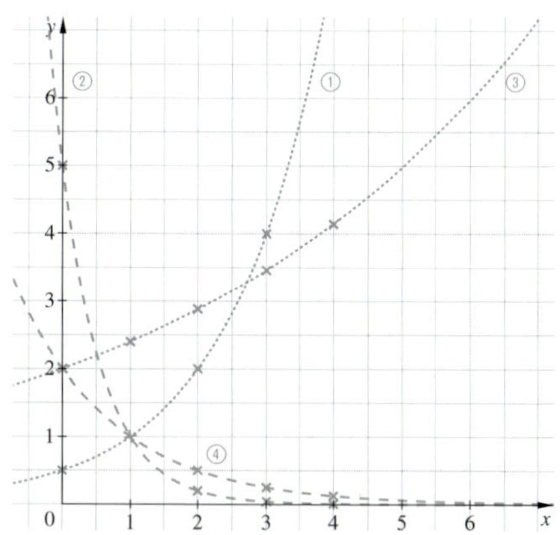

2 Wahr oder falsch?

① Exponentielles Wachstum kann mit einer Gleichung der Form $y = mx$ beschrieben werden. ☐ wahr ☒ falsch
② Exponentielles Wachstum kann mit einer Gleichung der Form $y = x^m$ beschrieben werden. ☐ wahr ☒ falsch
③ Bei exponentiellem Wachstum werden die Werte der Funktion immer größer. ☐ wahr ☒ falsch
④ Zu exponentiellem Wachstum passt keine Gerade. ☒ wahr ☐ falsch

3 Geldanlagen über 2 000 € mit Zinseszins und vollständiger Auszahlung nach 8 Jahren

Zinssatz p. a.	Kapital am Ende des 1. Jahres	Kapital am Ende des 2. Jahres	Kapital am Ende des 4. Jahres	Kapital am Ende des 6. Jahres	Kapital am Ende des 8. Jahres
5 %	2 100,00 €	2 205,00 €	2 431,01 €	2 680,19 €	2 954,90 €
10 %	2 200,00 €	2 420,00 €	2 928,20 €	3 543,12 €	4 287,18 €
15 %	2 300,00 €	2 645,00 €	3 498,01 €	4 626,12 €	6 118,05 €

a) Ergänze die Tabelle mithilfe des Taschenrechners oder einer Tabellenkalkulation.

b) Schreibe jeweils eine passende Formel in der rekursiven und in der expliziten Form auf.

① $p = 5\,\%$ rekursive Form: $B(n) = 1{,}05 \cdot B(n-1)$ explizite Form: $B(n) = B(0) \cdot (1{,}05)^n$

② $p = 10\,\%$ $B(n) = 1{,}1 \cdot B(n-1)$ $B(n) = B(0) \cdot (1{,}1)^n$

③ $p = 15\,\%$ $B(n) = 1{,}15 \cdot B(n-1)$ $B(n) = B(0) \cdot (1{,}15)^n$

c) Veranschauliche die Entwicklung des Kapitals.
Ermittle, in welchem Jahr erstmals das Kapital größer als 8 000 € wäre. Gib das Kapital am Ende des Jahres zuvor und in dem Jahr an.

① $p = 5\,\%$ $K_{28} = 2000\,€ \cdot 1{,}05^{28} \approx 7840{,}26\,€$

$K_{29} = 2000\,€ \cdot 1{,}05^{29} \approx 8232{,}27\,€$

② $p = 10\,\%$ $K_{14} = 2000\,€ \cdot 1{,}05^{14} \approx 7595{,}00\,€$

$K_{15} = 2000\,€ \cdot 1{,}05^{15} \approx 8354{,}50\,€$

③ $p = 15\,\%$ $K_{9} = 2000\,€ \cdot 1{,}15^{9} \approx 7035{,}75\,€$

$K_{10} = 2000\,€ \cdot 1{,}15^{10} \approx 8091{,}11\,€$

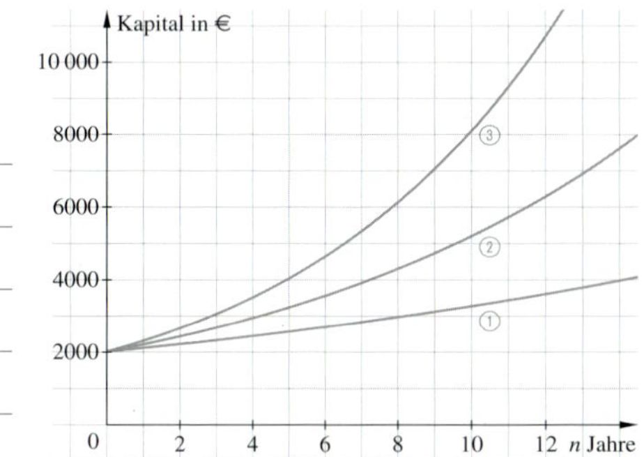

4

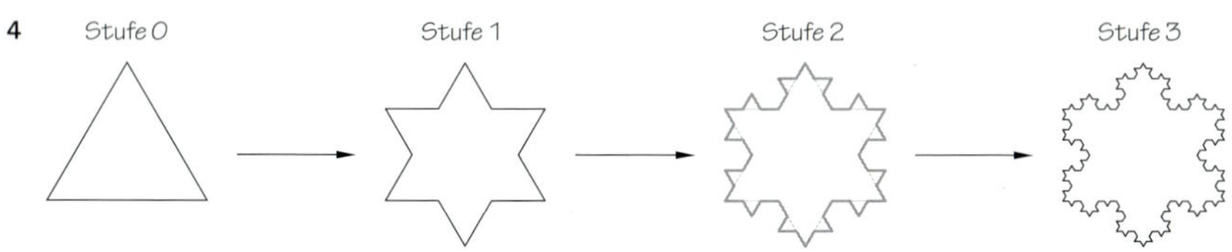

Drittele die Länge der Seite eines gleichseitigen Dreiecks der letzten Stufe.
Setze über den mittleren Stücken damit gleichseitige Dreiecke auf.

a) Zeichne die Figur zur Stufe 2 und ergänze die Tabelle.

	Stufe 0	Stufe 1	Stufe 2	Stufe 3
Anzahl der Strecken	3	12	48	192
Länge einer Strecke	1	$\frac{1}{3}$	$\frac{1}{9}$	$\frac{1}{27}$
Umfang der Figur	3	4	$5\frac{1}{3}$	$7\frac{1}{9}$

b) Gib eine Formel zur Berechnung des Umfangs u in der n-ten Stufe an. $u_n = 3 \cdot \left(1\frac{1}{3}\right)^n = \frac{4^n}{3^{n-1}}$

Zinseszins

▶ **Wissen**

- Werden Zinsen am Jahresende zum jeweiligen Kapital hinzugefügt und im folgenden Jahr mit verzinst, so spricht man vom Zinseszins.
- Es gilt: $K_n = K_0 \cdot \left(1 + \frac{p}{100}\right)^n$
  - K_n steht für das Kapital nach n Jahren bei Verzinsung mit Zinseszins.
  - K_0 steht für das Kapital am Anfang (Grundkapital).
  - $\frac{p}{100}$ $(= p\,\%)$ steht für den Zinssatz pro Jahr.
  - n steht für die Anzahl der Jahre (Laufzeit).
  - $\left(1 + \frac{p}{100}\right)$ ist der Wachstumsfaktor.

Beispiel: 5 000 € werden jährlich mit einem Zinssatz von 3 % verzinst. Berechne das Kapital nach 7 Jahren.

$K_7 = 5000\,€ \cdot \left(1 + \frac{3}{100}\right)^7 = 6\,149{,}37\,€$ **6 149,37 € beträgt das Kapital nach 7 Jahren.**

▶ Auftrag: Ergänze die Variablen und das Beispiel.

Aufgaben

1 Berechne das Kapital bei Verzinsung mit Zinseszins.

Grundkapital	6 000,00 €	6 000,00 €	3 000,00 €	3 000,00 €	2 000,00 €	2 500,00 €
Zinssatz pro Jahr	3 %	3 %	3 %	6 %	6 %	3,5 %
Laufzeit in Jahren	5	10	7	4	7	8
Kapital nach n Jahren mit Zinseszins	6 955,64 €	8 063,50 €	3 689,62 €	3 787,43 €	3 007,26 €	3 292,02 €

2 Jahrweise Berechnung von Kapital bei Verzinsung mit Zinseszins ohne die Formel $K_n = K_0 \cdot \left(1 + \frac{p}{100}\right)^n$

a) Ergänze zu zur Verzinsung mit Zinseszins passende Gleichungen.

$K_1 = K_0 \cdot \left(1 + \frac{p}{100}\right)$ $= K_1 \cdot \left(1 + \frac{p}{100}\right)^1$

$K_2 = K_1 \cdot \left(1 + \frac{p}{100}\right) \cdot \left(1 + \frac{p}{100}\right)$ $= K_2 \cdot \left(1 + \frac{p}{100}\right)^2$

$K_3 = K_2 \cdot \left(1 + \frac{p}{100}\right) \cdot \left(1 + \frac{p}{100}\right) \cdot \left(1 + \frac{p}{100}\right)$ $= K_3 \cdot \left(1 + \frac{p}{100}\right)^3$

$K_4 = K_3 \cdot \left(1 + \frac{p}{100}\right) \cdot \left(1 + \frac{p}{100}\right) \cdot \left(1 + \frac{p}{100}\right) \cdot \left(1 + \frac{p}{100}\right)$ $= K_4 \cdot \left(1 + \frac{p}{100}\right)^4$

b) 3 000 € werden mit einem jährlichen Zinssatz von 5 % verzinst.
Ergänze analog zu Teilaufgabe **a** die Berechnung des Kapitals. Rechne mit dem jeweils letzten Ergebnis weiter.

Laufzeit in Jahren	1	2	3	4	5	6
Kapital mit Zinseszins	3 150,00 €	3 307,50 €	3 472,88 €	3 646,52 €	3 828,84 €	4 020,29 €

c) 3 Jahre und 3 Monate werden 3 000 € mit einem jährlichen Zinssatz von 5 % verzinst.
Berechne das Kapital am Ende der Laufzeit.

$\frac{3}{12} = \frac{1}{4} = 0{,}25$ $K_{3,25} = 3000\,€ \cdot \left(1 + \frac{5}{100}\right)^{3,25} = 3\,515{,}49\,€$

3 515,49 € beträgt das Kapital nach 3 Jahren und 3 Monaten.

3 Gedankenexperiment: Stell dir vor 50 000 € werden mit Zinseszins zu einem Zinssatz von 10 % p. a. geliehen. Ermittle durch Probieren, nach wie vielen Jahren sich die Schulden verdoppelt haben, wenn nichts zurückgezahlt wird.
Begründe deine Antwort mithilfe von Rechnungen.
Zusatzaufgabe: Ermittle die Lösung mit einem geeigneten Hilfsmittel auf Monate genau.

Nach 8 Jahren (7 Jahren und 4 Monaten, d. h. 7,27 Jahren) wären die Schulden doppelt so hoch.
$50\,000\,€ \cdot \left(1 + \frac{3}{100}\right)^7 = 97\,435{,}86\,€$ $50\,000\,€ \cdot \left(1 + \frac{3}{100}\right)^8 = 107\,179{,}44\,€$

4 Geldanlagen über 5 000 € mit Zinseszins und Auszahlung am Ende der Laufzeit

a) Ergänze die Tabelle mithilfe des Taschenrechners oder einer Tabellenkalkulation.

Zinssatz p. a.	Kapital am Ende des 3. Jahres	Kapital am Ende des 6. Jahres	Kapital am Ende des 9. Jahres	Kapital am Ende des 12. Jahres	Kapital am Ende des 15. Jahres
5 %	5 788,13 €	6 700,48 €	7 756,64 €	8 979,28 €	10 394,64 €
10 %	6 655,00 €	8 857,81 €	11 789,74 €	15 692,14 €	20 886,24 €
15 %	7 604,38 €	11 565,30 €	17 589,38 €	26 751,25 €	40 685,31 €

b) Veranschauliche die Entwicklung des Kapitals bei Zinssätzen von 5 %, 10 % und 15 % p. a. im Koordinatensystem.

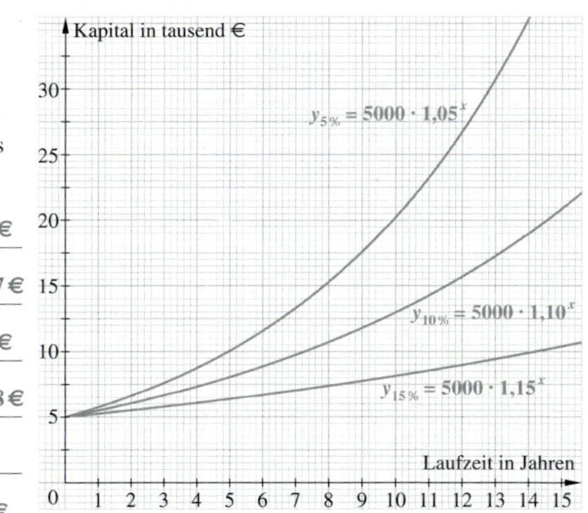

c) Ermittle, in welchem Jahr erstmals das Kapital größer als 10 000 € wäre. Gib das Kapital am Ende des Jahres zuvor und in dem Jahr an.

① $p\,\% = 3\,\%$ $K_{23} = 5000\,€ \cdot \left(1 + \frac{3}{100}\right)^{23} \approx 9\,867{,}93\,€$
$K_{24} = 5000\,€ \cdot \left(1 + \frac{3}{100}\right)^{24} \approx 10\,163{,}97\,€$

② $p\,\% = 6\,\%$ $K_{11} = 5000\,€ \cdot \left(1 + \frac{6}{100}\right)^{11} \approx 9\,491{,}49\,€$
$K_{12} = 5000\,€ \cdot \left(1 + \frac{6}{100}\right)^{12} \approx 10\,060{,}98\,€$

③ $p\,\% = 9\,\%$ $K_8 = 5000\,€ \cdot \left(1 + \frac{9}{100}\right)^8 \approx 9\,962{,}81\,€$
$K_9 = 5000\,€ \cdot \left(1 + \frac{9}{100}\right)^9 \approx 10\,859{,}47\,€$

d) Forme die Gleichung $K_n = K_0 \cdot \left(1 + \frac{p}{100}\right)^n$ nach p um.

$K_n = K_0 \cdot \left(1 + \frac{p}{100}\right)^n \quad | : K_0$
$K_n : K_0 = \left(1 + \frac{p}{100}\right)^n$
$\sqrt[n]{K_n : K_0} = 1 + \frac{p}{100} \quad | -1$
$\sqrt[n]{K_n : K_0} - 1 = \frac{p}{100} \quad | \cdot 100$
$\left(\sqrt[n]{K_n : K_0} - 1\right) \cdot 100 = p$

e) Ermittle die passenden Zinssätze bei Verzinsung mit Zinseszins.
Zusatzaufgabe: Untersuche, ob Proportionalität vorliegt. **Nein. 12,25 % : 6 ≠ 11,33 % : 15 und 12,25 % · 6 ≠ 11,33 % · 15**

Grundkapital	5 000,00 €	5 000,00 €	3 000,00 €	3 000,00 €	2 000,00 €
Zinssatz pro Jahr	25,99 %	12,25 %	14,31 %	10,55 %	11,33 %
Laufzeit in Jahren	3	6	9	12	15
Kapital nach n Jahren	10 000,00 €	10 000,00 €	10 000,00 €	10 000,00 €	10 000,00 €

Exponentialfunktionen

▶ Wissen

Funktionen mit einer Gleichung der Form
$f(x) = a \cdot b^x + c$ (mit $b > 0, b \neq 1, a \neq 0$)
nennt man Exponentialfunktionen.

Beispiele: $f(x) = \frac{1}{2} \cdot 2^x$
$g(x) = 2 \cdot \left(\frac{1}{2}\right)^x$

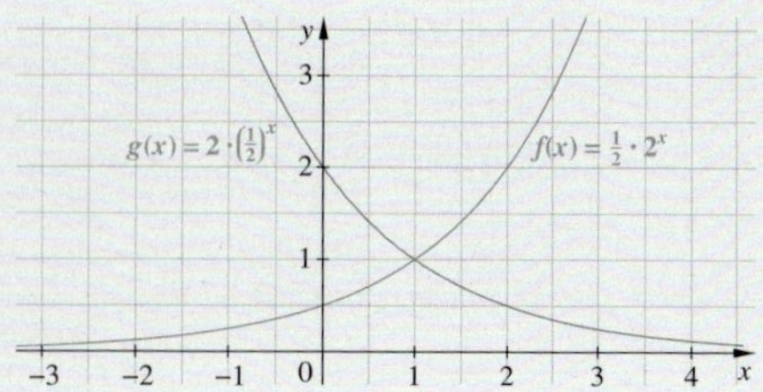

▶ Auftrag: Ordne jedem Graphen die passende Funktionsgleichung zu.

Aufgaben

1 Wertetabellen und Graphen zu Funktionen

☒ $f(x) = \left(\frac{1}{2}\right)^x$ Exponentialfunktion

x	−3	−1	0	1	3
y	8	2	1	0,5	0,125

☒ $g(x) = 2^x$ Exponentialfunktion

x	−3	−1	0	1	3
y	0,125	0,5	1	2	8

☒ $h(x) = \frac{1}{4} \cdot 3^x + 4$ Exponentialfunktion

x	−3	−1	0	1	3
y	4,01	4,08	4,25	4,75	10,75

☒ $i(x) = 3 \cdot \left(\frac{1}{4}\right)^x$ Exponentialfunktion

x	−3	−1	0	1	3
y	192	12	3	0,75	0,05

☐ $j(x) = \frac{1}{2}x^2$ quadratische Funktion

x	−3	−1	0	1	3
y	4,5	0,5	0	0,5	4,5

☐ $k(x) = \frac{1}{2}x$ lineare Funktion

x	−3	−1	0	1	3
y	−1,5	−0,5	0	0,5	1,5

a) Ergänze jeweils die y-Werte.

b) Trage die zugehörigen Punkte im Koordinatensystem ein und beschrifte die Graphen.

c) Kreuze die Exponentialfunktionen an.
Zusatzaufgabe: Gib die Art der anderen Funktionen an.

d) Kreuze die wahren Aussagen an.

☒ Alle dargestellten Exponentialfunktionen haben eine Asymptote.
☐ Die Punkte einer der dargestellten Exponentialfunktionen liegen auf einer Geraden.
☐ Die Punkte einer der dargestellten Exponentialfunktionen liegen auf einer Parabel.
☐ Die Punkte aller dargestellten Exponentialfunktionen nähern sich der x-Achse an.

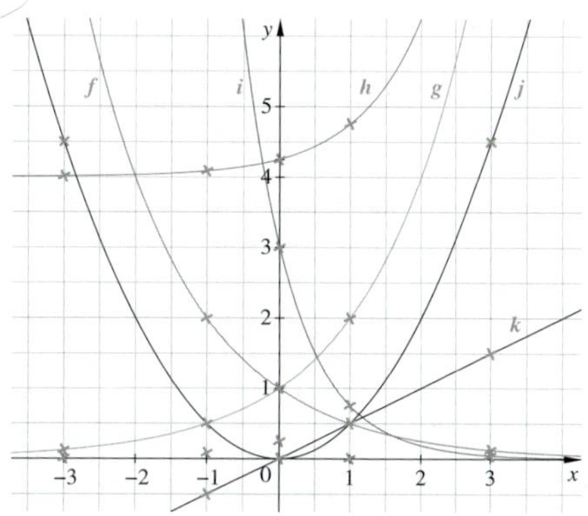

2 Kreuze alle Gleichungen von Exponentialfunktionen an.

☐ $f(x) = 0{,}3x + 3$ ☐ $g(x) = 0{,}3x^3$ ☒ $h(x) = 0{,}3 \cdot 3^x$ ☒ $i(x) = 0{,}3^x + 3$

3 Salmonellen sind stäbchenförmige Bakterien, die bei Menschen und Tieren Krankheiten verursachen.
Sie kommen unter anderem bei Eiern und in Geflügelfleisch vor.
Bei sommerlichen Temperaturen verdoppelt sich die Anzahl der Salmonellen etwa alle 20 Minuten.
Eine Speiseprobe enthielt zu Beginn der Untersuchung rund 160 Bakterien.

Zeit in min	−80	−60	−40	−20	0	+20	+40	+60	+80
Generation vor und nach der Untersuchung	−4	−3	−2	−1	0	+1	+2	+3	+4
Anzahl der Salmonellen	10	20	40	80	160	320	640	1280	2560

a) Ergänze die Tabelle und veranschauliche die Werte im Koordinatensystem.

b) Stelle eine passende Funktionsgleichung auf.
Gib danach die praktische Bedeutung der Variablen an.

$y = 160 \cdot 2^x$

x steht für die Anzahl der Generationen.

y steht für die jeweilige Anzahl der Salmonellen.

c) Ermittle, vor wie vielen Stunden die ersten beiden Salmonellen in die Speiseprobe gekommen sein könnten.

Es kann vor etwas mehr als zwei Stunden gewesen sein.

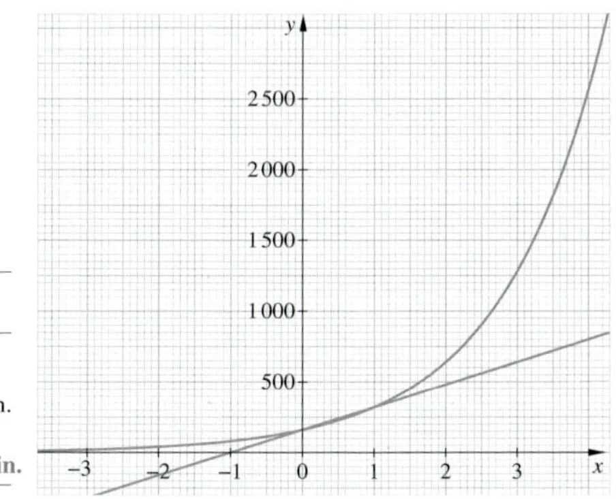

d) Angenommen, es liegt lineares Wachstum vor, bei dem pro Generation 160 Bakterien hinzukommen.
Zeichne den passenden Graphen in das Koordinatensystem ein.
Gib die zugehörige Funktionsgleichung an. $y = 160x + 160$

4 Im Winter wird eine Thermoskanne mit 80 °C heißem Tee versehentlich draußen stehen gelassen.
Stündlich nimmt die Temperatur des Tees in der Kanne um etwa 10 % ab.

a) Schreibe eine passende Funktionsgleichung auf.

$f(x) = 80 \cdot 0{,}9^x$

b) Erstelle eine Wertetabelle und skizziere dazu den Graphen.

z. B.

x	0	4	8	12	16
y	80	52,49	34,44	22,59	14,82

c) Finde heraus, nach wie vielen Stunden der Tee eine Temperatur von unter 10 °C hat.

nach etwa 20 h (9,73 °C)

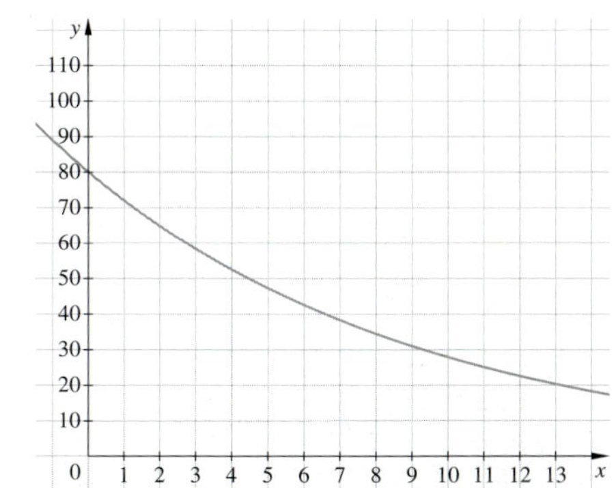

5 Gib eine zu $f(x) = x^n - c$ passende Situation an.
Zusatzaufgabe: Beschreibe kurz wofür jede der Variablen steht. individuelle Lösung

Umfang eines Kreises

▶ Wissen

- Der Quotient von Umfang u und Durchmesser d ist bei allen Kreisen gleich.
  $u : d = \pi \approx 3{,}14$
- Für den Umfang u eines Kreises gilt: $u = \pi \cdot d$

  $u = 2\pi \cdot r$

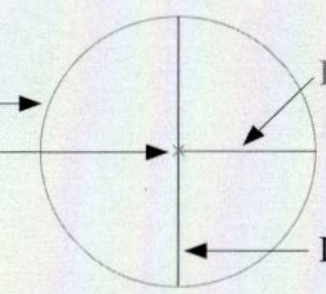

▶ **Auftrag:** Stelle eine Formel zur Berechnung des Umfangs u mithilfe des Radius r auf.

Aufgaben

1 Berechne die fehlenden Werte. Runde auf Hundertstel.

Durchmesser	10,00 cm	0,28 m	5,5 km	237,00 mm	22,80 dm	8,2 dm
Radius	5,00 cm	0,14 m	2,75 km	118,50 mm	11,40 dm	4,1 dm
Umfang	31,42 cm	0,88 m	17,28 km	744,56 mm	71,63 dm	25,76 dm

2 Von oben gesehen sind folgende Objekte Kreise. Ordne diesen den entsprechenden Umfang zu.

Münze | Mittelkreis eines Fussballfeldes | Rad eines Fahrrades | Teller | Longdrinkglas

1,95 dm | 57,8 m | 7,23 cm | 2,17 m | 75,4 cm | 27,15 cm

3 Berechne jeweils den Umfang der gelben Flächen.

a) 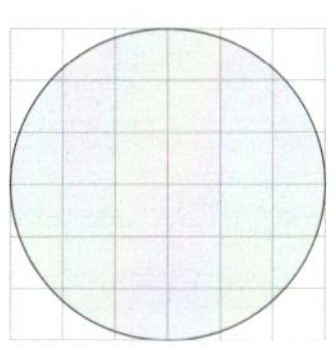

Umfang:

$\pi \cdot 3\,cm \approx 9{,}42\,cm$

b) 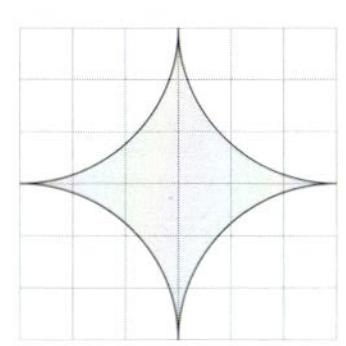

Umfang:

$\pi \cdot 3\,cm \approx 9{,}42\,cm$

c) 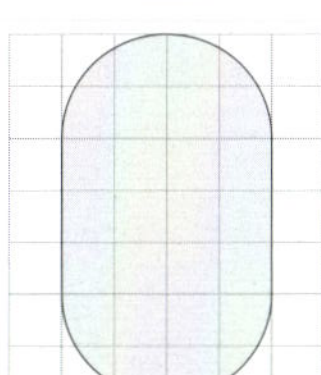

Umfang:

$\pi \cdot 2\,cm + 2 \cdot 1{,}5\,cm$

$\approx 9{,}28\,cm$

d) 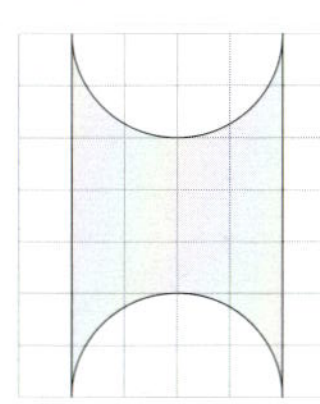

Umfang:

$\pi \cdot 2\,cm + 2 \cdot 3{,}5\,cm$

$\approx 13{,}28\,cm$

4 Kann mit einem 20 m langen Seil ein Kreis mit 6 m Durchmesser gelegt werden? Begründe deine Antwort.

Ja, denn $20\,m : \pi \approx 6{,}37\,m > 6\,m$.

5 Die Abbildung zeigt das Vorderrad eines Rades und die Rollen von Skates.

a) Ermittle deren Durchmesser und Umfänge.

Rad: **$d \approx 60$ cm; $u \approx 190$ cm**

Skates: **$d \approx 6$ cm; $u \approx 19$ cm**

b) Von der Bushaltestelle bis nach Hause sind es 2 km. Überschlage die Anzahl der Umdrehungen der Räder auf dem Weg.

Rad: **1000 Umdrehungen**

Skates: **10 000 Umdrehungen**

6 An einem sehr großen runden Tisch sitzen 12 Personen. Auf jeden entfallen 78,50 cm Tischkante. Eine quadratische Tischdecke verdeckt die Tischplatte. Wie lang sind die Seiten der Tischdecke mindestens?

Umfang: $12 \cdot 78{,}50\,cm = 942{,}00\,cm$ Durchmesser: $942{,}00\,cm : \pi \approx 300\,cm$

Die Seitenlänge der quadratischen Tischdecke beträgt mindestens ca. 3 m.

7 Die abgebildete Figur wurde durchweg mit einem Zirkel gezeichnet.
Der weiße Kreis hat einen Durchmesser von 1,2 cm.

a) Zeichne die Figur im Maßstab 2 : 1.

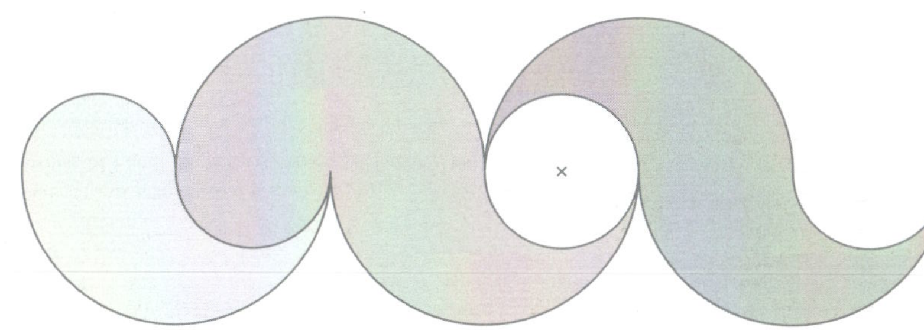

b) Berechne von der Figur im Maßstab 2 : 1 jeweils den Umfang folgender Teilfiguren.

weißer Kreis $\pi \cdot 2{,}4\,cm \approx 7{,}54\,cm$

blaue Fläche $\pi \cdot 2{,}4\,cm + \pi \cdot 4{,}8\,cm \approx 22{,}62\,cm$

graue Fläche $\pi \cdot 2{,}4\,cm + \pi \cdot 4{,}8\,cm \approx 22{,}62\,cm$

gelbe Fläche $\pi \cdot 2{,}4\,cm + 0{,}5 \cdot \pi \cdot 4{,}8\,cm \approx 15{,}08\,cm$

c) Prüfe mithilfe einer Schnur, ob deine Ergebnisse bei Teilaufgabe **b** richtig sein können.

Flächeninhalt eines Kreises

▶ Wissen

Der Flächeninhalt A eines Kreises mit dem Radius r lässt sich mit folgender Formel berechnen.

$A = \pi \cdot r^2$

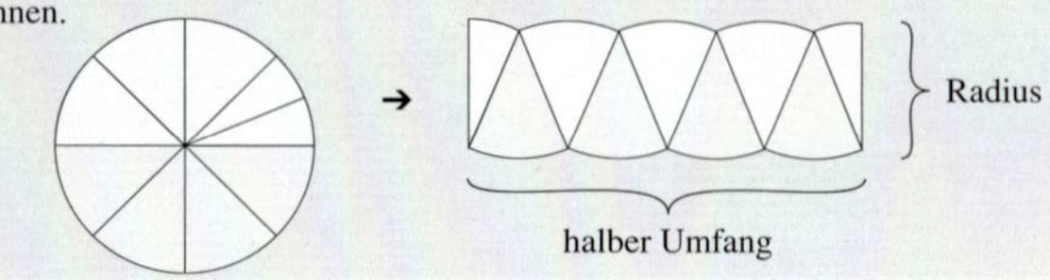

$A = \pi \cdot \left(\frac{d}{2}\right)^2 = \pi \cdot \frac{d^2}{4} = \frac{1}{4}\pi \cdot d^2$

▶ Auftrag: Stelle eine Formel zur Berechnung des Flächeninhalts A mithilfe des Durchmessers d auf.

Aufgaben

1 Berechne die fehlenden Werte. Runde auf Hundertstel.

Durchmesser	10,00 cm	0,28 m	5,5 km	23,7 m	2,40 dm	8,2 dm
Radius	5,00 cm	0,14 m	2,75 km	11,85 m	1,20 dm	4,1 dm
Flächeninhalt	78,54 mm²	0,06 m²	23,76 km²	441,15 m²	4,52 dm²	52,81 dm²

2 Von oben gesehen sind folgende Objekte Kreise. Schätze, wie groß die entsprechenden Flächeninhalte sind.

a) 1-Euro-Münze: ca. 4 cm²
b) 1-Cent-Münze: ca. 2 cm²
c) Mittagsteller: 400 cm² bis 700 cm²
d) Tischtennisball: ca. 13 cm²
e) Tasse: 60 cm² bis 70 cm²
f) Mittelkreis eines Fußballfeldes: ca. 266 m²

3 Berechne jeweils den Flächeninhalt der gelben Flächen.
Hinweis: Prüfe mithilfe der Kästchen, ob deine Ergebnisse stimmen können.

a) 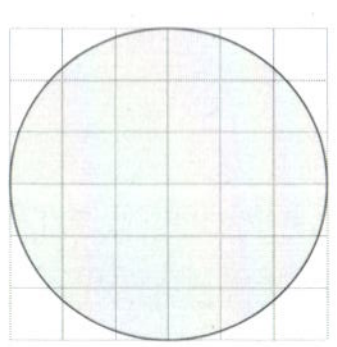
Flächeninhalt: $\pi \cdot (1,5\text{ cm})^2 \approx 7,07\text{ cm}^2$

b) 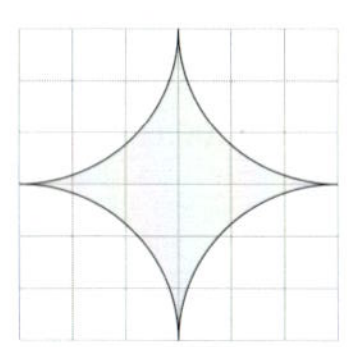
Flächeninhalt: $9\text{ cm}^2 - \pi \cdot (1,5\text{ cm})^2$
$\approx 1,93\text{ cm}^2$

c) 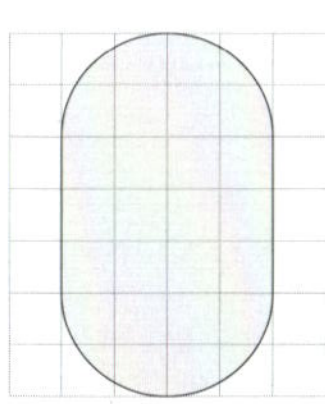
Flächeninhalt: $3\text{ cm}^2 + \pi \cdot (1\text{ cm})^2$
$\approx 6,14\text{ cm}^2$

d) 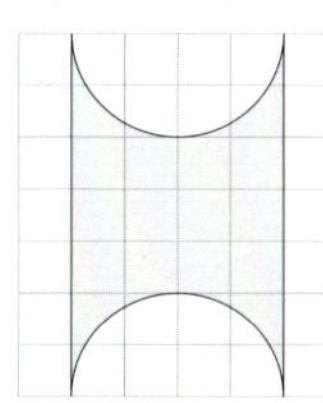
Flächeninhalt: $7\text{ cm}^2 - \pi \cdot (1\text{cm})^2$
$\approx 3,86\text{ cm}^2$

4 Mit einer 16 cm langen Schnur wurde zuerst ein Quadrat und danach ein Kreis gelegt.
Welche der beiden Figuren hatte den größeren Flächeninhalt?

Der Kreis hatte den größeren Flächeninhalt ($A_{Kreis} \approx 20\text{ cm}^2$; $A_{Quadrat} = 16\text{ cm}^2$).

5 Die abgebildete Figur wurde mit dem Zirkel gezeichnet.
Der weiße Kreis hat im Original einen Radius von 1,2 cm.
Berechne jeweils den Flächeninhalt A folgender Teilfiguren.

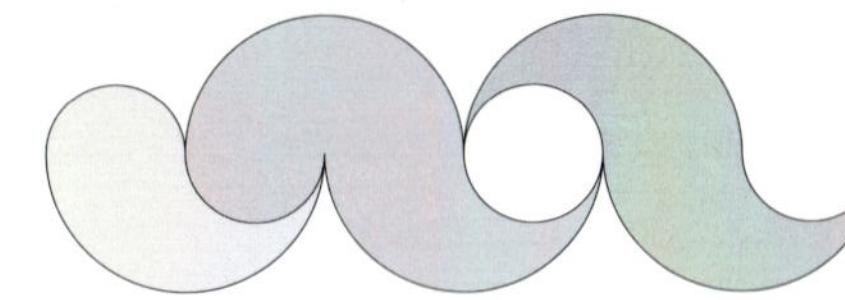

weißer Kreis: $\pi \cdot (1,2\text{ cm})^2 \approx 4,52\text{ cm}^2$
blaue Fläche: $\pi \cdot (2,4\text{ cm})^2 \approx 18,10\text{ cm}^2$
graue Fläche: $\pi \cdot (2,4\text{ cm})^2 - \pi \cdot (1,2\text{ cm})^2 \approx 13,57\text{ cm}^2$
gelbe Fläche: $0,5 \cdot \pi \cdot (2,4\text{ cm})^2 \approx 9,05\text{ cm}^2$

6 In der nebenstehenden Figur betrage die Seitenlänge des Quadrates $a = 4,4$ cm und die Länge der Diagonalen des Quadrates $d = 6,2$ cm.

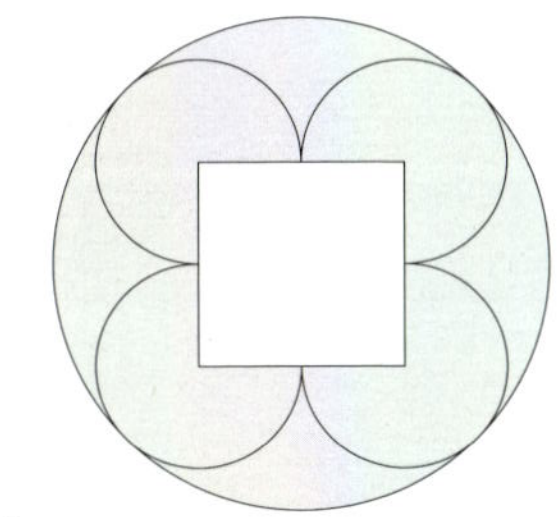

a) Berechne den Inhalt der blau gekennzeichneten Fläche.

Der Radius jedes blauen Kreises ist $\frac{a}{2} = 2,2$ cm. Jeder der Kreise ist nur zu drei Vierteln sichtbar. Also $A_{blau} = 4 \cdot \frac{3}{4} \cdot \pi \cdot \left(\frac{a}{2}\right)^2 \approx 45,6\text{ cm}^2$.

b) Berechne den Inhalt der gelb gekennzeichneten Fläche.

Der Radius des gelben Kreises ist $\frac{a}{2} + \frac{d}{2}$, also ist
$A_{gelb} = \pi r^2 - A_{blau} - a^2 = \pi\,(2,2\text{ cm} + 3,1\text{ cm})^2 - 45,6\text{ cm} - 19,36\text{ cm} \approx 23,3\text{ cm}^2$.

7 Die Zuschauerplätze einer Freilichtbühne sind auf einer halbkreisförmigen Fläche mit 42,00 m Durchmesser angeordnet. Pro Zuschauer wird ein Platzbedarf von 0,60 m² angenommen.
Wie viele Eintrittskarten können verkauft werden?

Flächeninhalt des Halbkreises: $\pi \cdot (21\text{ m})^2 : 2 \approx 692,72\text{ m}^2$ Plätze: $692,72\text{ m}^2 : 0,60\text{ m}^2 \approx 1154,53$

Höchstens 1154 Eintrittskarten können verkauft werden.

8 Bei der Restauration einer Kirche soll das folgende Ornament nachgezeichnet werden.
Für einen Quadratmeter benötigt man 0,8 l Farbe.

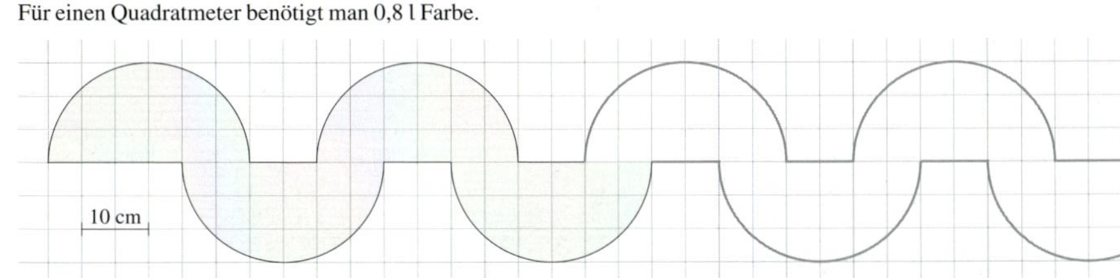

a) Berechne den Farbverbrauch für den abgebildeten Teil des Ornamentes.
Hinweis: Beachte den Maßstab.

Flächeninhalt: $\pi \cdot (15\text{ cm})^2 \cdot 2 \approx 1413,72\text{ cm}^2 \approx 0,14\text{ m}^2$ Farbe: $0,14 \cdot 0,8\text{ l} = 0,112\text{ l}$

Es werden rund 0,11 l Farbe benötigt.

b) Setze das Ornament bis zum Rand fort.

Kreisausschnitt und Kreisbogen

▶ Wissen

Für einen Kreisausschnitt gelten folgende Formeln.

$A_\alpha = \frac{\alpha}{360°} \cdot \pi \cdot r^2$

$b_\alpha = \frac{\alpha}{180°} \cdot \pi \cdot r$

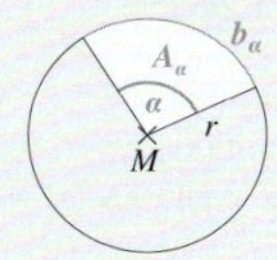

▶ Auftrag: Markiere α, b_α und A_α in der Zeichnung.

Aufgaben

1 Kreisausschnitte

a) Berechne jeweils die Bogenlänge und den Flächeninhalt der Kreisausschnitte.

$b_1 = \frac{90°}{360°} \cdot 2\pi \cdot 3{,}5\,\text{cm} \approx 5{,}49\,\text{cm}$

$b_2 = \frac{30°}{360°} \cdot 2\pi \cdot 3{,}5\,\text{cm} \approx 1{,}83\,\text{cm}$

$b_3 = \frac{100°}{360°} \cdot 2\pi \cdot 3{,}5\,\text{cm} \approx 6{,}11\,\text{cm}$

$b_4 = \frac{140°}{360°} \cdot 2\pi \cdot 3{,}5\,\text{cm} \approx 8{,}55\,\text{cm}$

$A_{S1} = \frac{90°}{360°} \cdot \pi \cdot (3{,}5\,\text{cm})^2 \approx 9{,}62\,\text{cm}^2$

$A_{S2} = \frac{30°}{360°} \cdot \pi \cdot (3{,}5\,\text{cm})^2 \approx 3{,}21\,\text{cm}^2$

$A_{S3} = \frac{100°}{360°} \cdot \pi \cdot (3{,}5\,\text{cm})^2 \approx 10{,}69\,\text{cm}^2$

$A_{S4} = \frac{140°}{360°} \cdot \pi \cdot (3{,}5\,\text{cm})^2 \approx 14{,}97\,\text{cm}^2$

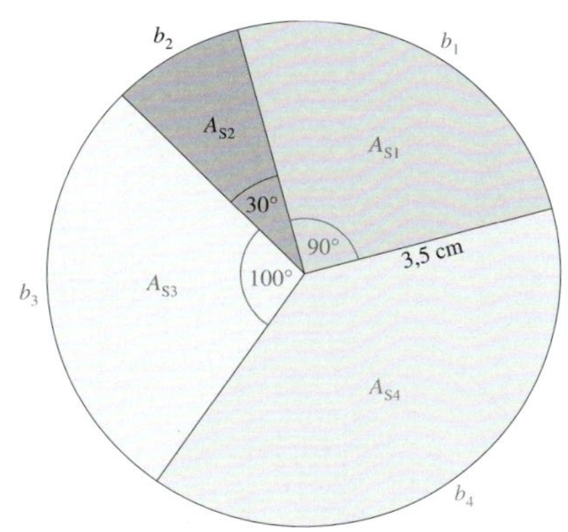

b) Berechne den Flächeninhalt und den Umfang des Kreises.
Überprüfe damit, ob deine Ergebnisse bei Teilaufgabe **a** stimmen können.

$2\pi r = 2\pi \cdot 3{,}5\,\text{cm} \approx 22\,\text{cm}$ — $5{,}49\,\text{cm} + 1{,}83\,\text{cm} + 6{,}11\,\text{cm} + 8{,}55\,\text{cm} \approx 22\,\text{cm}$

$\pi \cdot r^2 = \pi \cdot (3{,}5\,\text{cm})^2 \approx 38{,}5\,\text{cm}^2$ — $9{,}62\,\text{cm}^2 + 3{,}21\,\text{cm}^2 + 10{,}69\,\text{cm}^2 + 14{,}97\,\text{cm}^2 \approx 38{,}5\,\text{cm}^2$

Schlussfolgerung: Die Ergebnisse bei Teilaufgabe a stimmen vermutlich.

2 Ergänze für einen Kreis mit einem Radius von einem Dezimeter die Tabelle.

Mittelpunktswinkel	180°	90°	45°	270°	135°	225°
Bogenlänge	π dm	$\frac{1}{2} \cdot \pi$ dm	$\frac{1}{4} \cdot \pi$ dm	$\frac{3}{2} \cdot \pi$ dm	$\frac{3}{4} \cdot \pi$ dm	$1\frac{1}{4} \cdot \pi$ dm
Flächeninhalt des Kreisausschnittes	$\frac{1}{2} \cdot \pi\,\text{dm}^2$	$\frac{1}{4} \cdot \pi\,\text{dm}^2$	$\frac{1}{8} \cdot \pi\,\text{dm}^2$	$\frac{3}{4} \cdot \pi\,\text{dm}^2$	$\frac{3}{8} \cdot \pi\,\text{dm}^2$	$\frac{5}{8} \cdot \pi\,\text{dm}^2$

3 Berechne den Mittelpunktswinkel und den Flächeninhalt eines Kreisausschnittes mit einem Radius von 8 cm und einer Bogenlänge von 15 cm.

$\alpha = \frac{15\,\text{cm} \cdot 360°}{2\pi \cdot 15\,\text{cm}} \approx 57{,}30°$ — Der Mittelpunktswinkel ist rund 57,30° groß.

$A_S = \frac{52{,}30°}{360°} \cdot \pi \cdot (8\,\text{cm})^2 = 32\,\text{cm}^2$ — Der Flächeninhalt beträgt 32 cm².

4 Christoph warf drei Pfeile.

a) Ermittle die erreichte Punktzahl.

$1 \cdot 2 + 16 \cdot 3 + 50 = 100$

Er erreichte 100 Punkte.

b) Ermittle die Flächeninhalte der getroffenen Felder.
Runde auf volle Quadratmillimeter.
Zusatzaufgabe: Prüfe, ob die Punktzahl etwa proportional zur Flächengröße ist. Nein.

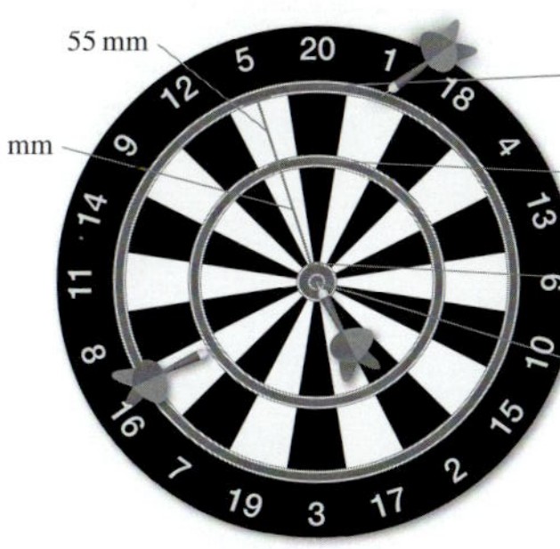

z. B.

„1“: $\frac{1}{20} \cdot [(\pi \cdot (176{,}35\,\text{mm})^2 - (\pi \cdot (168{,}35\,\text{mm})^2)] \approx 433\,\text{mm}^2$

„16“: $\frac{1}{20} \cdot [(\pi \cdot (113{,}35\,\text{mm})^2 - (\pi \cdot (105{,}35\,\text{mm})^2)] \approx 275\,\text{mm}^2$

„50“: $\pi \cdot (12{,}7\,\text{mm} : 2)^2 \approx 127\,\text{mm}^2$

5 Beim Nebeneinanderlegen runder Münzen bleiben immer Zwischenräume leer.
Wie viel Prozent einer vorgegebenen Fläche können höchstens mit kreisförmigen Plättchen gleichen Durchmessers abgedeckt werden?
Hinweis: Zeichne ein kleineres Rechteck so ein, dass du innerhalb dieses Rechtecks den Flächeninhalt der mit Münzen abgedeckten Fläche genau berechnen kannst.

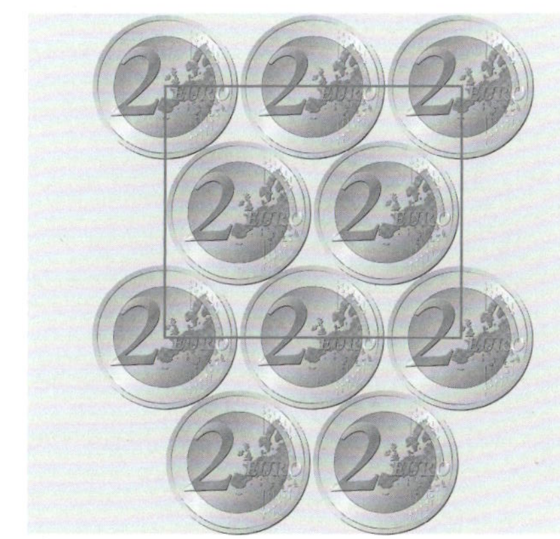

z. B.
Rechteck: $5{,}2\,\text{cm} \cdot 4{,}5\,\text{cm} = 23{,}4\,\text{cm}^2$

unbedeckt: $23{,}4\,\text{cm}^2 - 4 \cdot 5{,}21\,\text{cm}^2 \approx 2{,}6\,\text{cm}^2$

$2{,}6 : 23{,}4 \approx 10\,\%$

Höchstens ca. 90 % können abgedeckt werden.

6 Kreuze zuerst die kleinste(n) gelbe(n) Fläche(n) an und berechne danach die Flächeninhalte.
Zusatzaufgabe: Markiere die Mittelpunkte der Kreise. Überprüfe dein Ergebnis mit einem Zirkel.

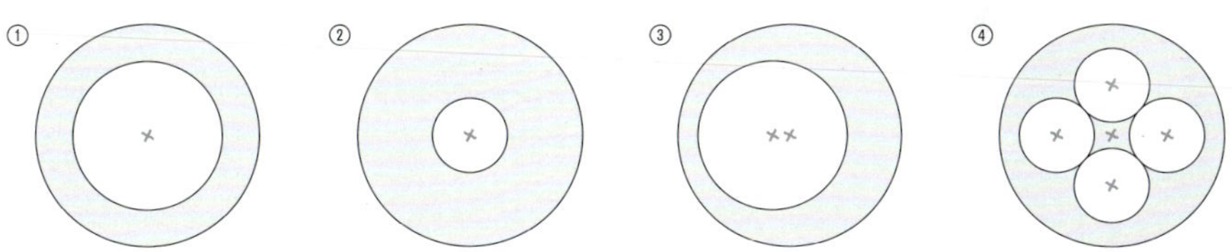

①	②	③	④
☒	☐	☒	☒
$\pi \cdot (1{,}5\,\text{cm})^2 - \pi \cdot (1\,\text{cm})^2$	$\pi \cdot (1{,}5\,\text{cm})^2 - \pi \cdot (0{,}5\,\text{cm})^2$	$\pi \cdot (1{,}5\,\text{cm})^2 - \pi \cdot (1\,\text{cm})^2$	$\pi \cdot (1{,}5\,\text{cm})^2 - 4 \cdot \pi \cdot (0{,}5\,\text{cm})^2$
≈ 3,93 cm	≈ 6,28 cm	≈ 3,93 cm	≈ 3,93 cm

Oberfläche von Zylindern

▶ Wissen

- Ein Zylinder ist ein Körper, dessen Grundfläche G ein Kreis ist. Die Mantelfläche M wird von einem Rechteck gebildet. Die Höhe des Zylinders entspricht der Länge einer Seite der Mantelfläche.
- Für den Oberflächeninhalt O gilt: $O = 2G + M = 2 \cdot \pi \cdot r^2 + 2\pi r \cdot h_k$

  $G = \pi \cdot r^2$

  $M = 2\pi r \cdot h_k$

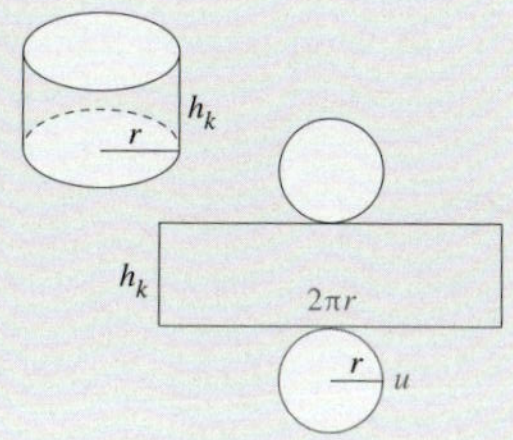

▶ Auftrag: Ergänze die Formeln.

Aufgaben

1 Netz und Oberflächeninhalt eines Zylinders

a) Vervollständige das Netz des abgebildeten Zylinders im Maßstab 1 : 100.

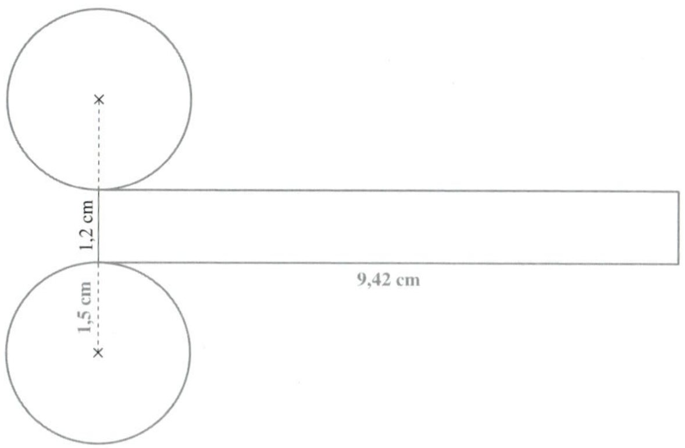

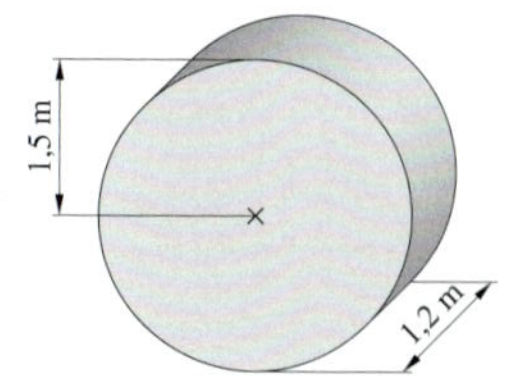

b) Gib den Flächeninhalt einer Grundfläche, der Mantelfläche und der Oberfläche des Zylinders an.

$G = \pi \cdot r^2 = \pi \cdot (1{,}5\,m)^2 \approx 7{,}07\,m^2$

$M = 2\pi r \cdot h = 2\pi \cdot 1{,}5\,m \cdot 1{,}2\,m \approx 11{,}31\,m^2$

$O = 2G_Z + M_Z = 2 \cdot 7{,}07\,m^2 + 11{,}31\,m^2 = 25{,}45\,m^2$

2 Vervollständige die Tabelle.

Radius	Durchmesser	Flächeninhalt der Grundfläche	Höhe	Flächeninhalt der Mantelfläche	Flächeninhalt der Oberfläche
17 cm	34 cm	907,92 cm²	5,5 cm	587,48 cm²	2 403,32 cm²
1,2 m	2,4 m	4,52 m²	70 cm	5,28 m²	14,32 m²
0,3 cm	0,6 cm	0,28 cm²	5,6 m	1 055,58 cm²	1 056,14 cm²
74 mm	148 mm	17 203,36 mm²	12 mm	5 579,47 mm²	39 986,19 mm²

3 Eine Litfaßsäule hat einen Durchmesser von 1,2 m.
Ihre Klebefläche ist 3 m hoch.
Wie viele bedruckte DIN-A4-Blätter könnten darauf höchstens geklebt werden, ohne dass deren Inhalte verdeckt sind?

Flächeninhalt eines DIN-A4-Blattes: $21{,}0\,cm \cdot 29{,}7\,cm = 623{,}7\,cm^2$

Flächeninhalt der Klebefläche: $2\pi \cdot 60\,cm \cdot 300\,cm \approx 113\,097{,}34\,cm^2$

$113\,097{,}34\,cm^2 : 623{,}7\,cm^2 \approx 181{,}33$

Rund 180 DIN-A4-Blätter könnten darauf geklebt werden, ohne dass deren Inhalte verdeckt sind.

4 Um einen Zylinder wurde in zwei vollständigen Umläufen eine Schnur gewunden.
Er hat eine Höhe von $h = 3\,m$ und einen Durchmesser von $d = 50\,cm$.
Im Bild sind der Zylinder und sein abgewickelter Mantel skizziert.

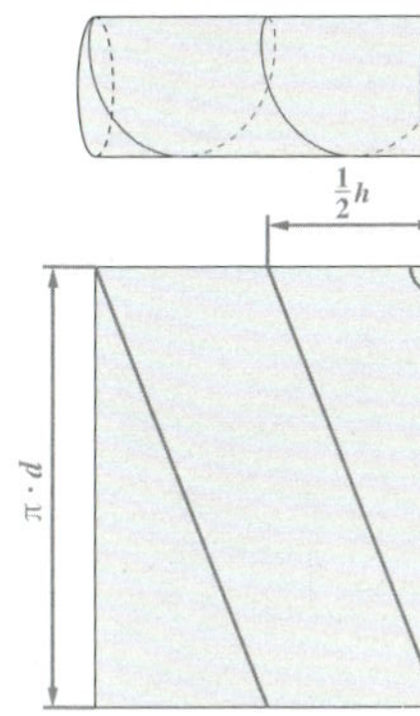

a) Gib den Oberflächeninhalt des Zylinders an.

$O_Z = 2 \cdot \pi \cdot r^2 + 2\pi r \cdot h_k = 2 \cdot \pi \cdot (0{,}25\,m)^2 + 2\pi \cdot 0{,}25\,m \cdot 3\,m \approx 5{,}11\,m^2$

Der Oberflächeninhalt des Zylinders beträgt rund $5{,}11\,m^2$.

b) Zeichne den Verlauf der Schnur in den abgewickelten Zylindermantel ein.

c) Kreuze die Länge der Schnur an.

☐ ca. 3 m ☒ ca. 4 m ☐ ca. 5 m ☐ ca. 6 m

5 Das dargestellte Werkstück wurde an der Dreh- und Fräsmaschine gefertigt.
Als Rohling wurde ein Zylinder mit einem Durchmesser von $d = 40\,mm$ und einer Höhe von $h = 55\,mm$ verwendet.
Das Werkstück soll vor der Auslieferung oberflächenveredelt werden.
Wie groß ist die zu behandelnde Fläche?
Hinweis: Die Oberfläche kann in einige leicht berechenbare Teilflächen zerlegt werden. Einige dieser Teilflächen ergeben zusammengefasst eine noch einfachere Fläche. Kennzeichne diese mit derselben Farbe.

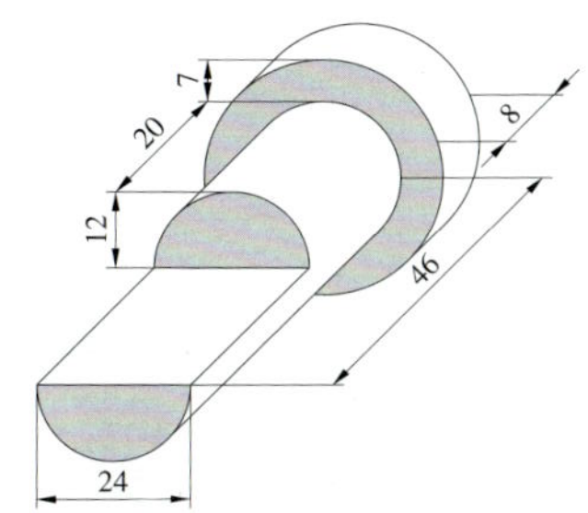

Die gekennzeichneten Flächen ergänzen einander zu einer Kreisfläche mit 38 mm Durchmesser und einem Flächeninhalt von $A_1 \approx 1\,134\,mm^2$.
Der Zylindermantel mit 38 mm Durchmesser und 8 mm Höhe hat den Flächeninhalt $A_2 = \pi \cdot 38\,mm \cdot 8\,mm \approx 955\,mm^2$.
Der Zylindermantel mit 24 mm Durchmesser und 20 mm Höhe hat den Flächeninhalt $A_3 = \pi \cdot 24\,mm \cdot 20\,mm \approx 1\,508\,mm^2$.
Der halbe Zylindermantel mit 24 mm Durchmesser und 26 mm Höhe hat den Flächeninhalt $A_4 = 0{,}5 \cdot \pi \cdot 24\,mm \cdot 26\,mm \approx 980\,mm^2$.
Die Rechtecksfläche hat den Flächeninhalt $A_5 = 26\,mm \cdot 24\,mm = 624\,mm^2$.
Die gesamte Oberfläche beträgt

$A = 2A_1 + A_2 + A_3 + A_4 + A_5 \approx 6\,335\,mm^2$.

Die zu behandelnde Fläche ist rund $63{,}35\,cm^2$ groß.

Volumen von Zylindern

▶ Wissen

Das Volumen V eines Zylinders ist das Produkt
des Flächeninhalts der Grundfläche G und der Körperhöhe h_k.

$V = G \cdot h_k$

Beispiel: $V = 3{,}5\ \text{cm}^2 \cdot 2{,}5\ \text{cm} = 8{,}75\ \text{cm}^3$

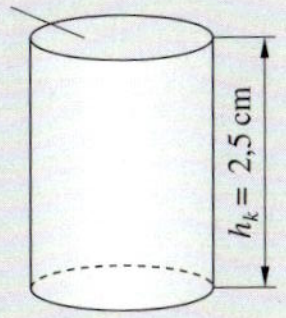

▶ Auftrag: Ergänze das Beispiel.

Aufgaben

1 Abgebildet sind Grundflächen von 4 cm hohen Zylindern.
Ermittle die Flächeninhalte der Grundflächen G und die Volumen V.

a) 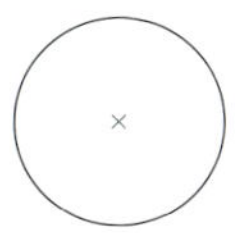

$G \approx 3{,}1\ \text{cm}^2$

$V \approx 12{,}6\ \text{cm}^3$

b) 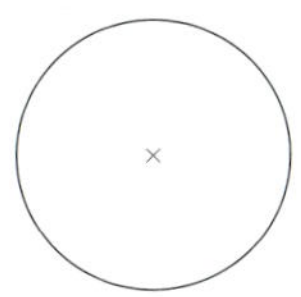

$G \approx 5{,}3\ \text{cm}^2$

$V \approx 21{,}2\ \text{cm}^3$

c) 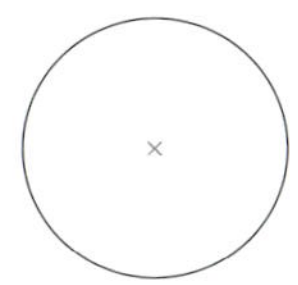

$G \approx 4{,}9\ \text{cm}^2$

$V \approx 19{,}6\ \text{cm}^3$

d) 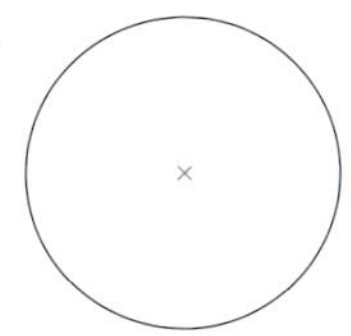

$G \approx 7{,}1\ \text{cm}^2$

$V \approx 28{,}3\ \text{cm}^3$

2 Ergänze die Tabelle für Zylinder.

Radius	Durchmesser	Flächeninhalt der Grundfläche	Höhe	Volumen
5 cm	10 cm	78,54 cm²	8 cm	628,32 cm³
2,5 mm	5 mm	19,63 mm²	3,2 mm	62,82 mm³
6,2 m	12,4 m	120,76 m²	15,32 m	1 850,04 m³
1 dm	2 dm	3,14 dm²	3,6 dm	11,30 dm³

3 Aus einem Glas wurde getrunken. Anfangs waren 200 ml Wasser darin (1. Bild).

a) Schätze, wie viel Wasser jeweils im Glas ist.

1. Bild	2. Bild	3. Bild	4. Bild	5. Bild
200 ml	175 ml	150 ml	100 ml	50 ml

b) Gib Innenlängen von Gläsern an, die genau 200 ml fassen.
Hinweis: Prüft gegenseitig die vorgeschlagenen Möglichkeiten.

z. B.
1. Möglichkeit: $h = 10\ \text{cm}$ $r \approx 2{,}5\ \text{cm}$ $(G = 20\ \text{cm}^2)$
2. Möglichkeit: $h = 8\ \text{cm}$ $r \approx 2{,}8\ \text{cm}$ $(G = 25\ \text{cm}^2)$

4 Zwei zylinderförmige Kochtöpfe sind gleich hoch.
Der Durchmesser des zweiten Topfes ist doppelt so groß wie der des kleineren.

a) Wievielmal größer ist das Volumen des größeren Topfes vermutlich?
Zusatzaufgabe: Begründe deine Vermutung.

Vermutung: 4-mal Begründung: $V_{groß} = \pi \cdot (2r)^2 \cdot h = 4 \cdot (\pi \cdot r^2 \cdot h) = 4 \cdot V_{klein})$

b) Berechne die Volumen beider Töpfe, wenn der kleinere 12 cm hoch ist und einen Durchmesser von 13 cm hat. Gib die Ergebnisse in Litern an.

kleinerer Topf: $\pi \cdot (6{,}5\ \text{cm})^2 \cdot 12\ \text{cm} \approx 1\,600\ \text{cm}^3 \approx 1{,}6\ \text{l}$

größerer Topf: $\pi \cdot (13\ \text{cm})^2 \cdot 12\ \text{cm} \approx 6\,400\ \text{cm}^3 \approx 6{,}4\ \text{l}$

5 Eine zylinderförmige Regentonne soll laut Etikett ein Fassungsvermögen von 0,5 m³ haben.
Als Höhe sind auf der Regentonne 1,10 m eingeprägt und als Durchmesser 76 cm.

a) Passt das Etikett zu der Regentonne?

$\pi \cdot (0{,}38\ \text{m})^2 \cdot 1{,}1\ \text{m} \approx 0{,}5\ \text{m}^3$ Das Etikett passt zu der Regentonne, wenn die Innenmaße eingeprägt wurden.

b) An einem Tag fließen insgesamt 140 l Wasser in die bis dahin halbvolle Tonne.
Auf wie viel Zentimeter steigt dadurch der Wasserspiegel?

$\pi \cdot (3{,}8\ \text{m})^2 \cdot x \approx 140\ \text{dm}^3$ $|:(\pi \cdot (3{,}8\ \text{m})^2)$

$x \approx 140\ \text{dm}^3 : (\pi \cdot (3{,}8\ \text{m})^2)$

$x \approx 3{,}09\ \text{dm}$ $11\ \text{dm} : 2 + 3{,}09\ \text{dm} = 8{,}59\ \text{dm} = 85{,}9\ \text{cm} \approx 86\ \text{cm}$

Der Wasserspiegel steigt auf rund 86 cm.

6 Das in der Zeichnung dargestellte Werkstück wurde an der Dreh- und Fräsmaschine gefertigt.
Als Rohling wurde ein Zylinder mit einem Durchmesser von $d = 40$ mm und einer Höhe von $h = 55$ mm verwendet.

a) Berechne das Volumen V des Werkstückes.
Hinweis: Zerlege das Werkstück in drei Teilkörper.

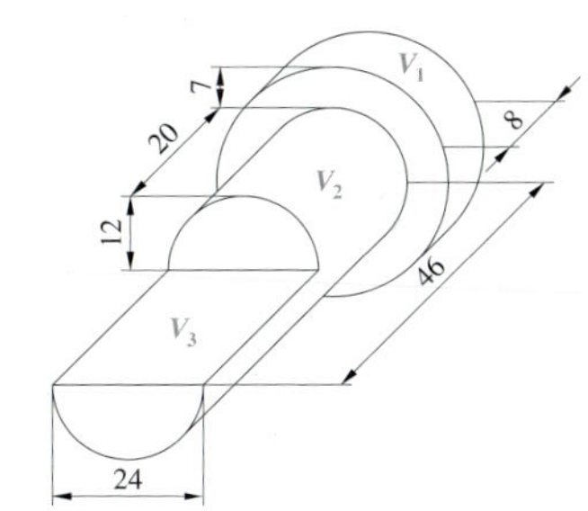

$V = V_1 + V_2 + V_3$
$V = \pi \cdot r_1^2 \cdot h_1 + \pi \cdot r_2^2 \cdot h_2 + 0{,}5 \cdot \pi \cdot r_3^2 \cdot h_3$
$V = \pi \cdot (19\ \text{mm})^2 \cdot 8\ \text{mm} + \pi \cdot (12\ \text{mm})^2 \cdot 20\ \text{mm}$
$+ 0{,}5 \cdot \pi \cdot (12\ \text{mm})^2 \cdot 26\ \text{mm}$
$V = \pi \cdot 2\,888\ \text{mm}^3 + \pi \cdot 2\,880\ \text{mm}^3 + \pi \cdot 1\,872\ \text{mm}^3$
$V = \pi \cdot 7\,640\ \text{mm}^3 \approx 24\,001{,}77\ \text{mm}^3 \approx 24{,}00\ \text{cm}^3$

Das Werkstück hat ein Volumen von rund 24 cm³.

b) Wie viel Prozent vom Rohling (Zylinder) wurden zu Abfall?

Volumen des Rohlings: $V_R = \pi \cdot (20\ \text{mm})^2 \cdot 55\ \text{mm} \approx 69{,}12\ \text{cm}^3$

Volumen des Abfalls: $V_A = V_R - V = 69{,}12\ \text{cm}^3 - 24{,}00\ \text{cm}^3 = 45{,}12\ \text{cm}^3$

$45{,}12\ \text{cm}^3 : 69{,}12\ \text{cm}^3 \approx 0{,}65 = 65\ \%$ Der Abfall beträgt etwa 65 %.

Oberfläche von Pyramiden

▶ **Wissen**

Für den Oberflächeninhalt O einer Pyramide gilt:

$O = G + M.$

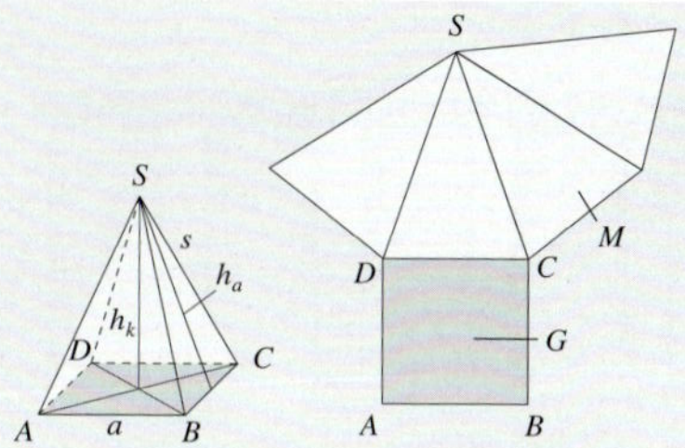

▶ Auftrag: Ergänze eine Formel zu Berechnung der Größe der Oberfläche.

Aufgaben

1

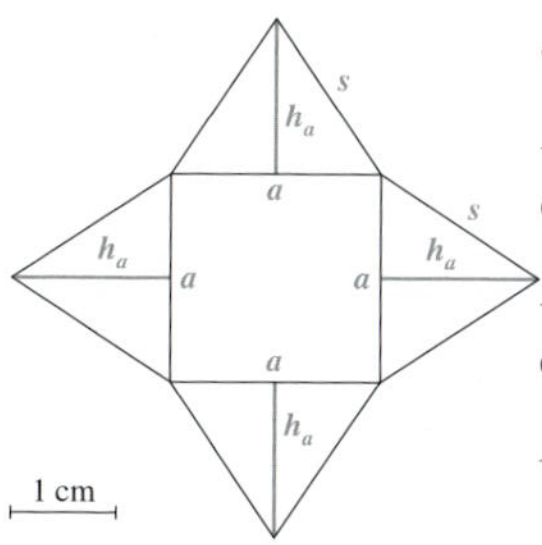

Größe der Grundfläche: 4 cm²

Größe der Mantelfläche: 6 cm²

Größe der Oberfläche: 10 cm²

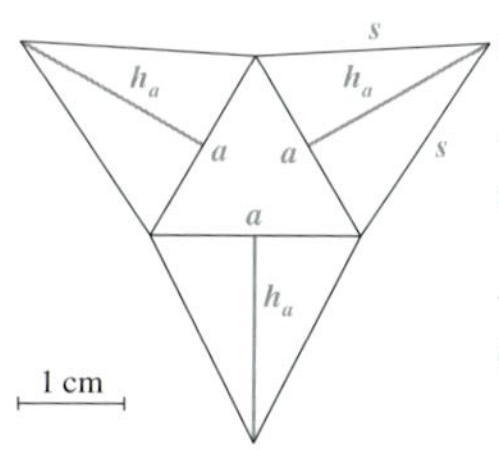

Größe der Grundfläche: 1,7 cm²

Größe der Mantelfläche: 6 cm²

Größe der Oberfläche: 7,7 cm²

a) Ermittle die Größen der Flächen der geraden, regelmäßigen Pyramiden. Entnimm dazu benötigte Angaben den Körpernetzen.

b) Kreuze alle zu beiden Pyramiden passenden Formeln an. Hinweis: Prüfe, ob sie für beide Beispiele gelten.

☐ $G_{Pyramide} = a^2$ ☐ $s = \sqrt{h_a^2 + a^2}$

☒ $A_{Seitenfläche} = \frac{h_a \cdot a}{2}$ ☐ $h_a = \sqrt{s^2 - a^2}$

2 Eine gerade Pyramide ist 34 cm hoch und hat eine quadratische Grundfläche mit 56 cm langen Seiten.

a) Berechne die Höhe h_a einer Seitenfläche. Hinweis: Betrachte die Pyramide im Grundwissen.

$h_a = \sqrt{(34\,cm)^2 + (28\,cm)^2} \approx 44{,}05\,cm$

b) Berechne den Oberflächeninhalt der Pyramide.

$O_{Pyramide} = (56\,cm)^2 + 4 \cdot (0{,}5 \cdot 56\,cm \cdot 44{,}05\,cm) \approx 8\,070\,cm^2 = 80{,}70\,dm^2$

3 Vervollständige die Tabelle für gerade Pyramiden mit quadratischen Grundflächen.

a	h	s	h_a	M	O
3 cm	5 cm	5,43 cm	5,22 cm	31,32 cm²	40,32 cm²
3,92 cm	2,14 cm	3,5 cm	2,9 cm	22,74 cm²	38,11 cm²
19,37 m	7,9 m	15,81 m	12,5 m	484,25 m²	859,45 m²

4 Ein Turmdach soll neu gedeckt werden. Die Dachdecker haben ermittelt, dass alle unteren Dachkanten 8 m lang sind und ein Quadrat bilden. Alle schrägen Dachkanten sind 9 m lang. Jeder der neuen Ziegel deckt eine Fläche von 15 cm mal 12 cm ab. Berechne die Anzahl der benötigten Ziegel.

Höhe h_a einer Dachfläche: $h_a = \sqrt{(9\,m)^2 - (4\,m)^2} \approx 8{,}06\,m$
Fläche $M_{Pyramide}$ des Daches: $M_{Pyramide} = 4 \cdot (0{,}5 \cdot 8\,m \cdot 8{,}06\,m) = 128{,}96\,m^2$
Anzahl der Ziegel: $128{,}96\,m^2 : (0{,}15\,m \cdot 0{,}12\,m) \approx 7\,164{,}44$

Es werden mindestens 7 165 Ziegel benötigt.

5 Eine 12 cm hohe Schachtel hat die Form einer geraden Pyramide. Die Grundfläche ist ein regelmäßiges Achteck mit der Seitenlänge $a = 7$ cm. Die Höhe h_d jedes Teildreiecks der Grundfläche beträgt rund 8,45 cm.

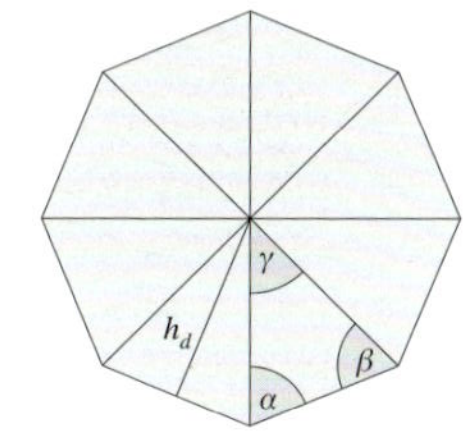

a) Berechne den Oberflächeninhalt der Pyramide.

Höhe h_a einer Seitenfläche: $h_a = \sqrt{(12\,cm)^2 + (8{,}45\,cm)^2} \approx 14{,}68\,cm$
Mantelflächeninhalt: $M_{Pyramide} = 8 \cdot (0{,}5 \cdot 7\,cm \cdot 14{,}68\,cm) = 411{,}04\,cm^2$
Grundflächeninhalt: $G_{Pyramide} = 8 \cdot (0{,}5 \cdot 7\,cm \cdot 8{,}45\,cm) = 236{,}60\,cm^2$
Oberflächeninhalt: $O_{Pyramide} = 411{,}04\,cm^2 + 236{,}60\,cm^2 = 647{,}64\,cm^2$

Der Oberflächeninhalt der Pyramide beträgt rund 648 cm².

b) Karl betrachtet das Achteck und behauptet: „α ist genau 86° groß." Hat er recht? Begründe deine Meinung mithilfe einer Rechnung.

$\gamma = 360° : 8 = 45°$ $\alpha = (180° - 45°) : 2 = 67{,}5° \approx 68°$ **Karl hat demzufolge nicht recht.**

6 Vervollständige das Netz einer 4 cm hohen geraden Pyramide und schätze, wie groß die Oberfläche ist.

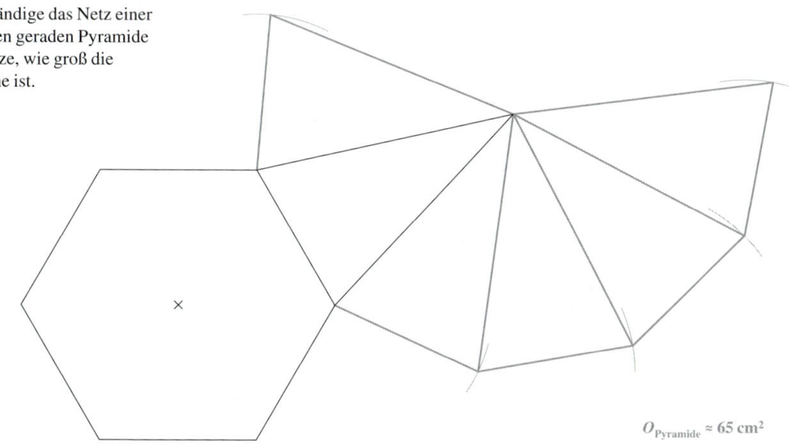

$O_{Pyramide} \approx 65\,cm^2$

7 Können vier gleichschenklige rechtwinklige Dreiecke die Mantelfläche einer geraden Pyramide bilden? Begründe deine Entscheidung.

Nein, denn aufgrund der rechten Winkel ergäbe sich keine Spitze.

Oberfläche von Kegeln

▶ Wissen

Für den Oberflächeninhalt O eines Kegels gilt:

$O = G + M = \pi \cdot r^2 + \pi \cdot r \cdot s$

$G = \pi \cdot r^2$

$M = \pi \cdot r \cdot s$

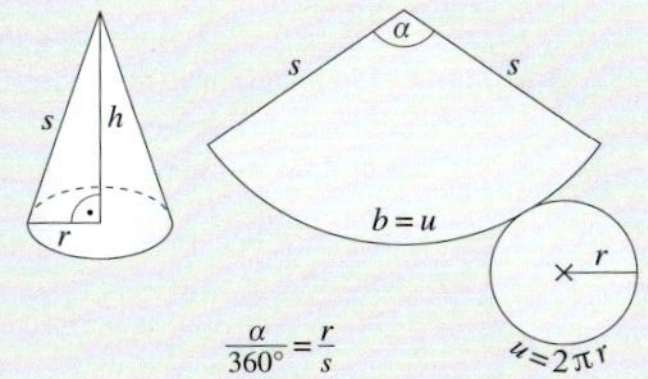

▶ Auftrag: Ergänze die Formeln.

Aufgaben

1 Berechne den Flächeninhalt der Grundfläche, des Mantels und der Oberfläche der Kegel.

a)

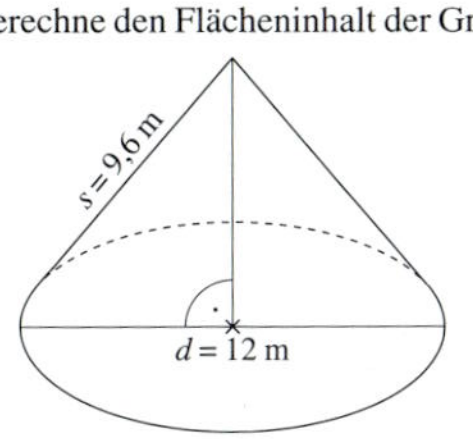

$G = \pi \cdot (6\,m)^2 \approx 113{,}10\,m^2$

$M = \pi \cdot 6\,m \cdot 9{,}6\,m \approx 180{,}96\,m^2$

$O = 113{,}10\,m^2 + 180{,}96\,m^2 = 294{,}06\,m^2$

b)

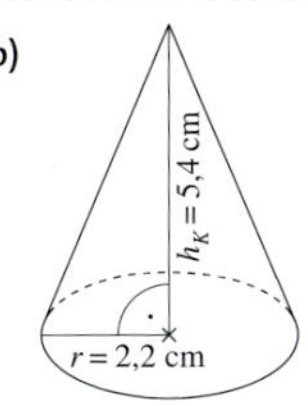

$G = \pi \cdot (2{,}2\,cm)^2 \approx 15{,}21\,cm^2$

$M = \pi \cdot 2{,}2\,cm \cdot \sqrt{(2{,}2\,cm)^2 + (5{,}4\,cm)^2} \approx 40{,}30\,cm^2$

$O = 15{,}21\,cm^2 + 40{,}30\,cm^2 = 55{,}51\,cm^2$

2 Zeichne das Netz eines Kegels mit einem Durchmesser von 2,6 cm und einer Seitenhöhe von 2,1 cm. Berechne den Oberflächeninhalt.

$\frac{\alpha}{360°} = \frac{1{,}3\,cm}{2{,}1\,cm}$ $\quad | \cdot 360°$

$\alpha \approx 223°$

$O = \pi \cdot (1{,}3\,cm)^2 + \pi \cdot 1{,}3\,cm \cdot 2{,}1\,cm \approx 13{,}89\,cm^2$

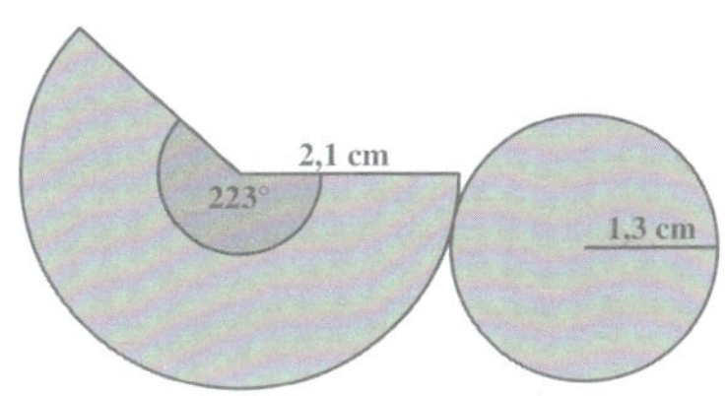

3 Vervollständige die Tabelle für Kegel. Betrachte dazu die Abbildungen im Grundwissen.

r	s	h	α	M_{Kegel}	G_{Kreis}	O_{Kegel}
2,59 dm	8 dm	7,57 dm	116,55°	65 dm²	21,07 dm²	86,07 dm²
8,79 m	15,2 m	12,4 m	208,18°	419,74 m²	242,73 m²	662,47 m²
25,6 m	27,5 m	10,04 m	335,13°	2 211,68 m²	2 058,87 m²	4 270,55 m²
5,5 m	5,65 m	1,29 m	350,44°	97,6 m²	95,03 m²	192,63 m²
8 cm	29,8 cm	28,71 cm	96,64°	748,94 cm²	201,06 cm²	950 cm²

4 Auf dem Bild ist ein Kletterturm zu sehen, der „Kegel“ genannt wird. Er befindet sich in Berlin. Der Turm hat eine Gesamthöhe von 18,70 m. Der Zylinder hat einen Umfang von 44 m und eine Höhe von 10,7 m. Berechne näherungsweise die Größe der Fläche im Außenbereich, die den Kletterern zur Verfügung steht.

Mantelflächeninhalt M_Z des Zylinders:
$M_Z = 44\,m \cdot 10{,}7\,m = 470{,}80\,m^2$

Mantelflächeninhalt M_{Kegel} des Kegels:
$M_{Kegel} = \pi \cdot r \cdot s$
$= \pi \cdot (44\,m : (2\pi)) \cdot \sqrt{(18{,}70\,m - 10{,}7\,m)^2 + (44\,m : (2\pi))^2} \approx 233{,}90\,m^2$

Summe: $470{,}80\,m^2 + 233{,}90\,m^2 = 704{,}70\,m^2$

Im Außenbereich steht eine Kletterfläche von rund 700 m² zur Verfügung.

5 Das Körpernetz eines Kegels besteht aus einem Viertelkreis mit einem Radius von 10 cm und einem Kreis.

a) Welchen Oberflächeninhalt hat der zugehörige Kegel?
Zusatzaufgabe: Bastle einen derartigen Kegel.

$O_{Kegel} = \pi \cdot (10\,cm)^2 : 4 + \pi \cdot (2{,}5\,cm)^2 \approx 98{,}17\,cm^2$

Der Oberflächeninhalt des Kegels beträgt rund 98,17 cm².

b) Schätze, wie groß das Volumen des zugehörigen Kegels ist.
Kreuze alle passenden Angaben an.

☐ ca. 6 cm² ☒ ca. $6 \cdot 10^{-5}\,m^3$ ☐ ca. $6 \cdot 10^3\,mm^3$

☐ ca. 0,006 dm³ ☒ ca. 60 cm³ ☐ 6000 mm³

6 Ein Segelverein besitzt 28 der abgebildeten Bojen. Sie bestehen aus zwei gleich großen aufeinandergesetzten Kegeln. Zum Schutz vor Algen sollen sie im nächsten Monat mit einem Spezialmittel gestrichen werden. Jede Boje ist etwa 80 cm hoch und hat 35 cm Durchmesser.

a) Gib mit sinnvoller Genauigkeit an, wie viel Quadratmeter mit dem Spezialmittel zu streichen sind.

Mantellinie s:
$s = \sqrt{(40\,cm)^2 + (17{,}5\,cm)^2} \approx 44\,cm$
Oberflächeninhalt O:
$M = \pi \cdot 17{,}5\,cm \cdot 44\,cm \approx 2\,419\,cm^2 \approx 0{,}24\,m^2$
$2 \cdot 0{,}24\,m^2 \cdot 28 = 13{,}44\,m^2$
$6\,762\,cm^2 \cdot 28 = 189\,336\,cm^2 = 18{,}9336\,m^2 \approx 20\,m^2$

Etwa 14 m² sind mit dem Spezialmittel zu streichen.

b) Stell dir vor: Eine der Bojen (Doppelkegel) wird von Spitze zu Spitze so geteilt, dass zwei kongruente Teile entstehen.
Entscheide, ob die Aussagen über die ebenen Schnittflächen wahr oder falsch sind.
Zusatzaufgabe: Begründet untereinander die Entscheidungen.

Die Schnittfläche ist annähernd ein Kreis.	☐ wahr	☒ falsch
Die Schnittfläche ist annähernd ein Quadrat.	☐ wahr	☒ falsch
Die Schnittfläche ist annähernd eine Raute.	☒ wahr	☐ falsch
Die Schnittfläche ist annähernd ein Parallelogramm mit vier gleich langen Seiten.	☒ wahr	☐ falsch
Die Schnittfläche ist annähernd ein Drachenviereck.	☒ wahr	☐ falsch

Volumen von Pyramiden und Kegeln

▶ Wissen

Für das Volumen V_P einer Pyramide gilt:

$V_P = \frac{1}{3} \cdot G \cdot h.$

Für das Volumen V_K eines Kegels gilt:

$V_K = \frac{1}{3} \cdot G \cdot h = \frac{1}{3} \cdot \pi \cdot r^2 \cdot h.$

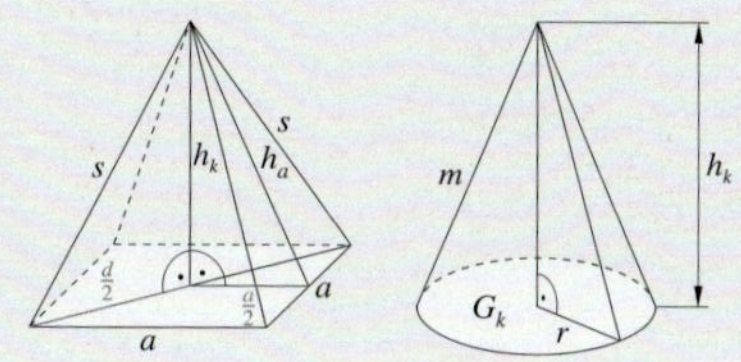

▶ Auftrag: Ergänze die Formeln.

Aufgaben

1 Ermittle das Volumen der quadratischen Pyramide und des Kreiskegels.

a)

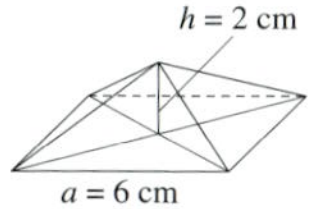

$V_P = \frac{1}{3} \cdot (6\,cm)^2 \cdot 2\,cm$

$V_P = 24\,cm^3$

b)

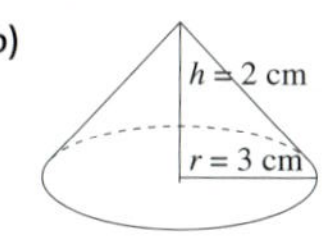

$V_K = \frac{1}{3} \cdot \pi \cdot (3\,cm)^2 \cdot 2\,cm$

$V_K \approx 18{,}85\,cm^3$

2 Ergänze die Tabelle für Pyramiden.

Flächeninhalt der Grundfläche	6 cm²	10 dm²	21 mm²	0,25 m²
Höhe	4 cm	12 dm	11 mm	0,6 m
Volumen	8 cm³	40 dm³	77 mm³	0,05 m³

3 Ergänze die Tabelle für Kegel.

Radius	Durchmesser	Flächeninhalt der Grundfläche	Höhe	Volumen
4 dm	8 dm	50,27 dm²	6 dm	100,53 dm³
1 m	2 m	3,14 m²	12 m	12,56 m³
1,5 cm	3 cm	7,07 cm²	2 cm	4,71 cm³
1 mm	2 mm	3,14 mm²	7 mm	7,32 mm³

4 Ordne die Körper nach der Größe der Volumen. Beginne mit dem kleinsten Wert.

Körper A ist eine 5 cm hohe quadratische Pyramide mit 2 cm langen Kanten an der Grundfläche.
Körper B ist ein 5 cm hoher Kegel, dessen Grundfläche einen Durchmesser von 5 cm hat.
Körper C ist eine 4 cm hohe rechteckige Pyramide mit 6 cm und 2,5 cm langen Kanten an der Grundfläche.
Körper D ist ein 4 cm hoher Kegel, dessen Grundfläche einen Radius von 3 cm hat.

$V_{Körper\,A} \approx 6{,}67\,cm^3$; $V_{Körper\,B} \approx 32{,}72\,cm^3$; $V_{Körper\,C} = 20\,cm^3$; $V_{Körper\,D} \approx 37{,}70\,cm^3$;

$V_{Körper\,A} < V_{Körper\,C} < V_{Körper\,B} < V_{Körper\,D}$

5 Auf einer Drehmaschine wurden die in der Zeichnung dargestellten Werkstücke gefertigt. Es entstehen bei der Drehung um die eingezeichnete Achse Rotationskörper. Die Maße sind in Millimeter angegeben.
Benenne die entstandenen Körper.
Berechne Volumen und Oberflächeninhalt von jedem der drei Körper.

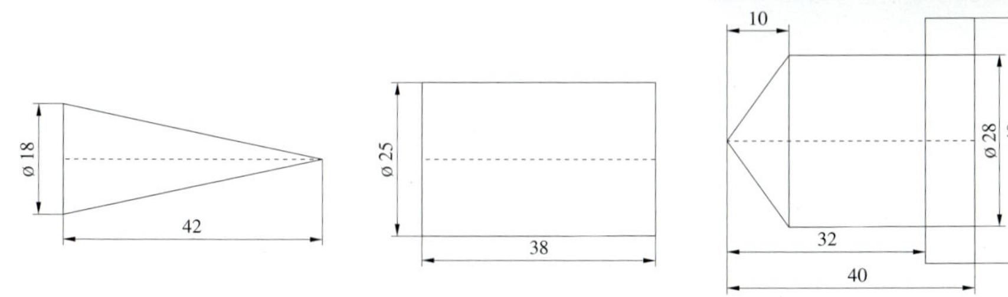

Kegel	Kreiszylinder	Kreiskegel mit zwei Kreiszylindern
$V_K = \frac{1}{3}\pi \cdot r^2 \cdot h$	$V_Z = \pi \cdot r^2 \cdot h$	$V = V_1 + V_2 + V_3$
$V_K = \frac{1}{3}\pi \cdot (9\,mm)^2 \cdot 42\,mm$	$V_Z = \pi \cdot (12{,}5\,mm)^2 \cdot 38\,mm$	$V \approx 10{,}05\,cm^3 + 13{,}55\,cm^3 + 2{,}05\,cm^3$
$V_K \approx 3{,}56\,cm^3$	$V_Z \approx 18{,}65\,cm^3$	$V = 25{,}65\,cm^3$
$O = 2{,}54\,cm^2 + 12{,}14\,cm^2$	$O = 2 \cdot 4{,}91\,cm^2 + 29{,}85\,cm^2$	$O \approx 12{,}57\,cm^2 + 6{,}41\,cm^2 + 10{,}05\,cm^2$
$O = 14{,}68\,cm^2$	$O = 39{,}67\,cm^2$	$+ 19{,}35\,cm^2 + 7{,}57\,cm^2$
(Mantellinie $s \approx 4{,}3\,cm$)		$O = 55{,}95\,cm^2$

6 Alle Kanten eines regelmäßigen Tetraeders und einer geraden quadratischen Pyramide haben eine Länge von $a = 3\,cm$.
Berechne die Volumen beider Körper.

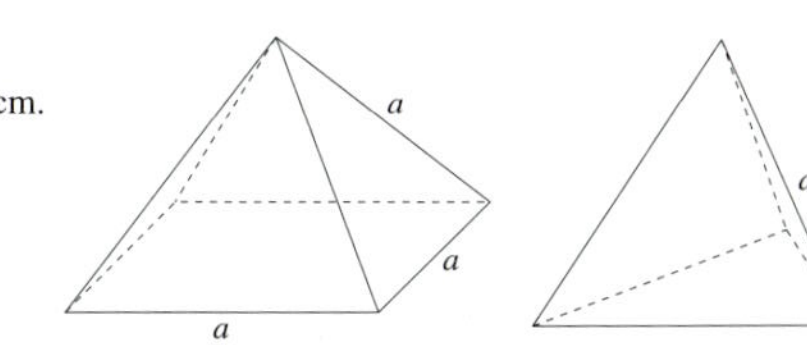

Flächeninhalt der Grundfläche der Pyramide: $A_G = a^2 = (3\,cm)^2 = 9\,cm^2$
Seitenhöhe der Pyramide: $h_a = \sqrt{a^2 - (\frac{1}{2}a)^2} = \sqrt{(3\,cm)^2 - (\frac{1}{2} \cdot 3\,cm)^2} \approx 2{,}60\,cm$
Körperhöhe der Pyramide: $h = \sqrt{h_a^2 - (\frac{1}{2}a)^2} = \sqrt{(2{,}6\,cm)^2 - (\frac{1}{2} \cdot 3\,cm)^2} \approx 2{,}12\,cm$
Volumen der Pyramide: $V = \frac{1}{3}A_G \cdot h = \frac{1}{3} \cdot 9\,cm^2 \cdot 2{,}12\,cm = 6{,}36\,cm^3$

Seitenhöhe des Tetraeders: $h_a = \sqrt{a^2 - (\frac{1}{2}a)^2} = \sqrt{(3\,cm)^2 - (\frac{1}{2} \cdot 3\,cm)^2} \approx 2{,}60\,cm$
Flächeninhalt der Grundfläche des Tetraeders: $A_G = \frac{1}{2} \cdot a \cdot h_a = \frac{1}{2} \cdot 3\,cm \cdot 2{,}60\,cm = 3{,}9\,cm^2$
Körperhöhe des Tetraeders: $h = \sqrt{a^2 - (\frac{2}{3}h_a)^2} = \sqrt{(3\,cm)^2 - (\frac{2}{3} \cdot 2{,}6\,cm)^2} \approx 2{,}45\,cm$
Volumen des Tetraeders: $V = \frac{1}{3}A_G \cdot h = \frac{1}{3} \cdot 3{,}9\,cm^2 \cdot 2{,}45\,cm \approx 3{,}19\,cm^3$

Das regelmäßige Tetraeder hat ein Volumen von ca. 3,19 cm³ und die quadratische Pyramide von ca. 6,36 cm³.

Oberfläche und Volumen von Kugeln

Wissen

- Für den Oberflächeninhalt einer Kugel gilt: $O = 4\pi \cdot r^2$.
- Für das Volumen einer Kugel gilt: $V = \frac{4}{3}\pi \cdot r^3$.

Beispiel:

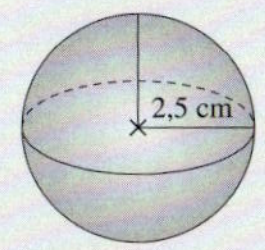

$O = 4\pi \cdot (2{,}5\text{ cm})^2 \approx 78{,}54\text{ cm}^2$

$V = \frac{4}{3}\pi \cdot (2{,}5\text{ cm})^3 \approx 65{,}45\text{ cm}^3$

► Auftrag: Ergänze das Beispiel.

Aufgaben

1 Berechne jeweils das Volumen und den Oberflächeninhalt der Kugel. Runde die Ergebnisse auf Hundertstel.
Hinweis: Nutze zum Rechnen gegebenenfalls ein zusätzliches Blatt.

Radius	7,6 cm	32,1 cm	0,69 cm	99,9 cm
Oberflächeninhalt	725,83 cm²	12 948,51 cm²	5,98 cm²	125 412,50 cm²
Volumen	1838,78 cm³	138 549,10 cm³	1,38 cm³	4 176 236,40 cm³

2 Ergänze die Tabelle für Kugeln. Runde die Ergebnisse auf Hundertstel.
Hinweis: Nutze zum Rechnen gegebenenfalls ein zusätzliches Blatt.

Radius	3,5 cm	2 dm	3,09 mm	5,51 m
Durchmesser	7,00 cm	4 dm	6,18 mm	11,02 m
Oberflächeninhalt	153,94 cm²	50,27 dm²	120 mm²	381,26 m²
Volumen	179,59 cm³	33,51 dm³	123,58 mm³	700 m³

3 Ordne mithilfe von Überschlägen innerhalb einer Minute möglichst viele Werte jeweils einer Kugel zu (Radius bzw. Durchmesser, Oberflächeninhalt, Volumen).
Markiere einander zugeordnete Größenangaben mit der gleichen Farbe.
Hinweis: Nutze gegebenenfalls zum Rechnen ein zusätzliches Blatt.

3,5 cm A	79 cm² B	154 cm² A	4347 cm² C
12 cm² D	180 cm³ A	18,6 cm C	1 cm D
26 954 cm³ C	65 cm³ B	4 cm³ D	5 cm B

4 Schätze, welchen Oberflächeninhalt und welches Volumen ein Fußball hat.

Das Volumen beträgt rund 5 600 cm³ und der Oberflächeninhalt 1 500 cm².

5 Je drei Tennisbälle sollen platz- und materialsparend verpackt werden.
Sie haben einen Durchmesser von 6,6 cm.
Es bieten sich zylinderförmige oder quaderförmige Schachteln an.
Gib jeweils die Raumausnutzung in Prozent an.
Wie viel Karton ist mindestens nötig, um eine solche Schachtel zu falten, wenn man 15 % für Klebestellen und Überlappung hinzurechnet?

zylinderförmige Schachtel mit einem Radius von 3,3 cm und einer Höhe von 19,8 cm
$V_{3\,\text{Bälle}} : V_{\text{Schachtel}} = 452\text{ cm}^3 : 677{,}4\text{ cm}^3 \approx 67\,\%$
Schachtel: $A_O = 2\pi \cdot 3{,}3\text{ cm} \cdot (19{,}8\text{ cm} + 3{,}3\text{ cm}) \approx 478{,}97\text{ cm}^2$ $\quad 478{,}97\text{ cm}^2 \cdot 1{,}15 \approx 550{,}82\text{ cm}^2$

quaderförmige Schachtel mit acht 6,6 cm und vier 19,8 cm langen Kanten
$V_{3\,\text{Bälle}} : V_{\text{Schachtel}} = 452\text{ cm}^3 : 862{,}5\text{ cm}^3 \approx 52\,\%$
Schachtel: $A_O = 2 \cdot (6{,}6\text{ cm})^2 + 4 \cdot 6{,}6\text{ cm} \cdot 19{,}8\text{ cm} = 609{,}84\text{ cm}^2$ $\quad 609{,}84\text{ cm}^2 \cdot 1{,}15 \approx 701{,}32\text{ cm}^2$

Ca. 67 % des Raumes der zylinderförmigen Schachtel und ca. 52 % der quaderförmigen werden genutzt.

Man benötigt für die zylinderförmige Schachtel nur ca. 550 cm² Karton und für die quaderförmige ca. 700 cm².

6 Würfel und Kugel

a) Einem Würfel mit der Kantenlänge $a = 10$ cm wird eine Kugel einbeschrieben.
Um wie viel Prozent sind Volumen und Oberflächeninhalt der Kugel kleiner als die entsprechenden Größen des Würfels?

$V_{\text{Kugel}} = \frac{4}{3}\pi \cdot (5\text{ cm})^3 \approx 523{,}60\text{ cm}^3$
$V_{\text{Würfel}} = (10\text{ cm})^3 = 1000\text{ cm}^3$
$(1000\text{ cm}^3 - 523{,}60\text{ cm}^3) : 1000\text{ cm}^3 = 47{,}64\,\%$

$O = 4\pi \cdot (5\text{ cm})^2 \approx 314{,}16\text{ cm}^2$
$O = 6 \cdot (10\text{ cm})^2 = 600\text{ cm}^2$
$(600\text{ cm}^2 - 314{,}16\text{ cm}^2) : 600\text{ cm}^2 = 47{,}64\,\%$

Um ca. 47,64 % sind jeweils das Volumen und der Oberflächeninhalt der Kugel kleiner als beim Würfel.

b) Einer Kugel mit dem Durchmesser $d = 10$ cm wird ein Würfel einbeschrieben.
Um wie viel Prozent sind Volumen und Oberflächeninhalt des Würfels kleiner als die entsprechenden Größen der Kugel?

e ist die Länge einer Seitendiagonalen, f die der Raumdiagonalen und a einer Kante des Würfels.
$e = \sqrt{2}\,a$ und $f^2 = a^2 + e^2$
$(10\text{ cm})^2 = a^2 + (\sqrt{2}\,a)^2 \qquad 100\text{ cm}^2 = 3a^2 \qquad a \approx 5{,}77\text{ cm}$
$V_{\text{Würfel}} = (5{,}77\text{ cm})^3 \approx 192{,}10\text{ cm}^3$
$(523{,}60\text{ cm}^3 - 192{,}10\text{ cm}^3) : 523{,}60\text{ cm}^3 \approx 63{,}31\,\%$

$O = 6 \cdot (5{,}77\text{ cm})^2 \approx 199{,}76\text{ cm}^2$
$(314{,}16\text{ cm}^2 - 199{,}76\text{ cm}^2) : 314{,}16\text{ cm}^2 \approx 36{,}41\,\%$

Das Volumen des Würfels ist rund 63,31 % und der Oberflächeninhalt rund 36,41 % kleiner als der der Kugel.

Sinusfunktion

▶ Wissen

P ist ein Punkt auf dem Einheitskreis.
α ist der Winkel zwischen der positiven x-Achse und dem Strahl, der vom Ursprung durch P geht.
Die Funktion, die dem Winkel α ($\alpha \in \mathbb{R}$) den entsprechenden y-Wert zuordnet, heißt Sinusfunktion.

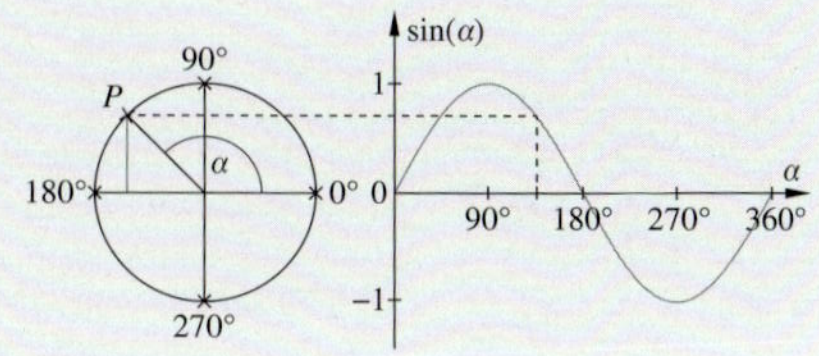

Beispiele:

sin (90°) = 1 sin (180°) = 0

▶ Auftrag: Ergänze die Beispiele.

Aufgaben

1 Einheitskreis und Sinusfunktion

a) Vervollständige mithilfe der Zeichnung die Tabelle.
Zeichne für sin(α) entsprechende Strecken ein und lies die Werte ab.

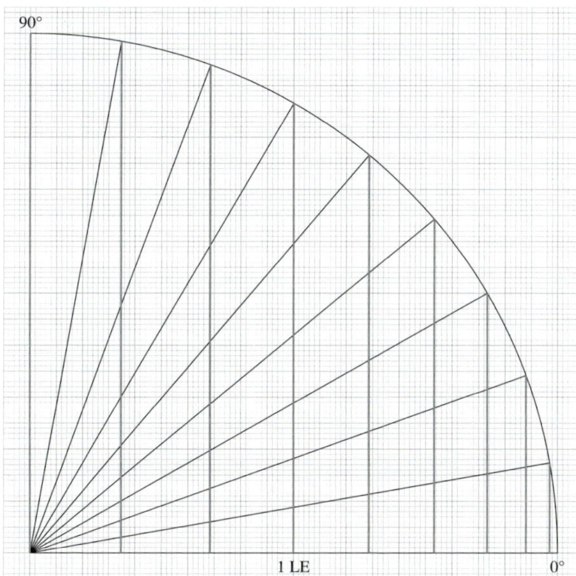

α im Gradmaß	sin (α)
0°	0
10°	0,17
20°	0,34
30°	0,5
40°	0,64
50°	0,77
60°	0,87
70°	0,94
80°	0,98
90°	1

b) Skizziere die Sinusfunktion $y = \sin(x)$ mithilfe der Teilaufgabe **a** im vorgegebenen Koordinatensystem.

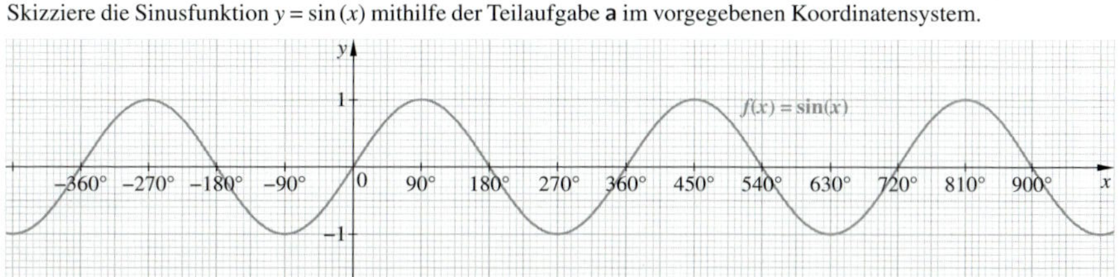

2 Gib jeweils vier zu dem Funktionswert passende Winkelgrößen an.
Zusatzaufgabe: Gib eine allgemeine Regel zum Berechnen der Winkelgrößen an.
z. B.

a) sin (90°) = 1 sin (450°) = 1 sin (810°) = 1 sin (1 170°) = 1
$90° + n \cdot 360°$, wobei $n \in \mathbb{Z}$

b) sin (270°) = −1 sin (630°) = −1 sin (990°) = −1 sin (1 350°) = −1
$270° + n \cdot 360°$, wobei $n \in \mathbb{Z}$

c) sin (0°) = 0 sin (180°) = 0 sin (360°) = 0 sin (540°) = 0
$n \cdot 180°$, wobei $n \in \mathbb{Z}$

d) sin (30°) = 0,5 sin (150°) = 0,5 sin (390°) = 0,5 sin (510°) = 0,5
$30° + n \cdot 360°$ oder $150° + n \cdot 360°$, wobei $n \in \mathbb{Z}$

3 Quadrantenbeziehungen der passenden Punkte auf dem Einheitskreis

a) Gib in der Zeichnung den jeweiligen Quadranten an.
Hinweis: Schreibe I, II, III oder IV.

b) Veranschauliche im Koordinatensystem die Lösungen der Gleichung $|\sin(\alpha)| = 0,5$.

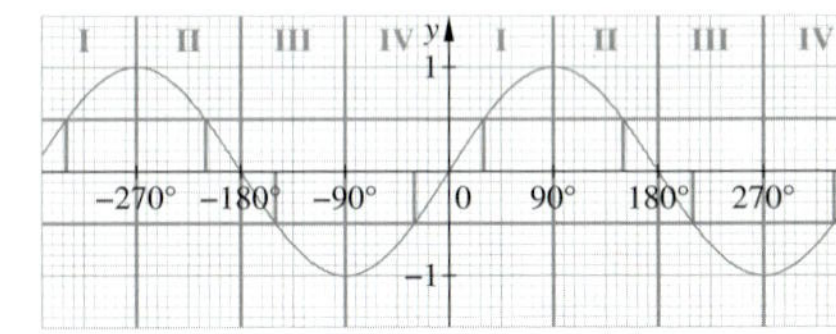

c) Ergänze passend zur Zeichnung.

sin (30°) = sin (180° − 30°) = − sin (180° + 30°) = − sin (360° − 30°)

sin (α) = sin (180° − α) = − sin (180° + α) = − sin (360° − α)

4 Jedem Winkel am Einheitskreis (Kreis mit $r = 1$) kann die Länge des zugehörigen Kreisbogens zugeordnet werden.
Hinweis: Der Umfang des Einheitskreises beträgt 2π (Bogenmaß). Dazu gehört ein Winkel von 360° (Gradmaß).

a) Ergänze die Tabelle.

α im Gradmaß	360°	180°	90°	60°	45°	30°	20°	10°	0°
α im Bogenmaß	2π	π	$\frac{1}{2}\pi$	$\frac{1}{3}\pi$	$\frac{1}{4}\pi$	$\frac{1}{6}\pi$	$\frac{1}{9}\pi$	$\frac{1}{18}\pi$	0

b) Gib die Funktionswerte an.
Hinweis: $\pi \approx 3,14$

sin (π) = 0 sin ($\frac{1}{2}\pi$) = 1 sin ($\frac{1}{3}\pi$) ≈ 0,87 sin ($\frac{5}{18}\pi$) ≈ 0,77

sin (3,14) ≈ 0 sin (1,57) ≈ 1 sin (0,79) ≈ 0,71 sin (0,314) ≈ 0,31

5 Ein Feuerwehrfahrzeug hat eine 35 m lange Drehkorbleiter.
Diese ist in einer Höhe von 1,60 m angebracht.
Die Drehleiter wird bis zu einem Winkel von 45° aufgerichtet und dann voll ausgefahren.

a) Veranschauliche den Sachverhalt mithilfe einer Skizze.

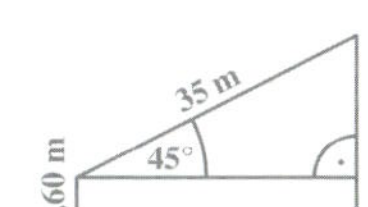

b) Kann mit dieser Leiter eine Person aus einer Höhe von 25 m gerettet werden?

$\sin(45°) = \frac{h}{35\,\text{m}}$ $h = \sin(45°) \cdot 35\,\text{m} \approx 24{,}75\,\text{m}$ $24{,}75\,\text{m} + 1{,}60\,\text{m} = 26{,}35\,\text{m}$

Ja, das ist möglich. Die Leiter reicht bis zu einer Höhe von rund 26 m.

c) Gib die erreichte Höhe h der Leiter als Funktion des Aufrichtungswinkels x an. $f(x) = 35 \cdot \sin(x) + 1{,}6$

Kosinusfunktion

▶ Wissen

P ist ein Punkt auf dem Einheitskreis.
α ist der Winkel zwischen der positiven x-Achse und dem Strahl, der von Ursprung durch P geht.
Die Funktion, die dem Winkel α ($\alpha \in \mathbb{R}$) den entsprechenden x-Wert zuordnet, heißt Kosinusfunktion.

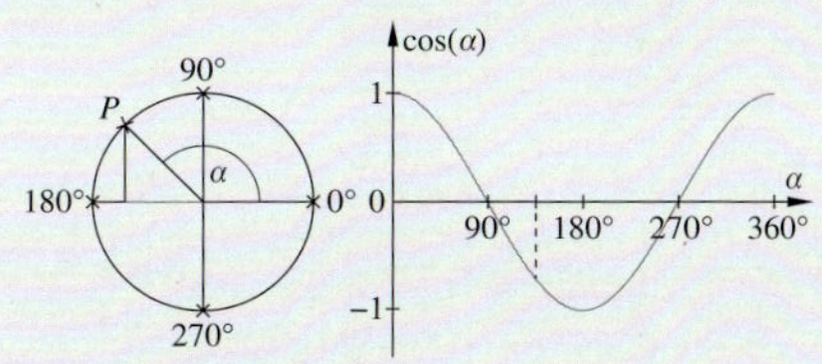

Beispiele: $\cos(90°) =$ 0

$\cos(\pi) =$ −1

▶ Auftrag: Ergänze die Beispiele.

Aufgaben

1 Einheitskreis und Kosinusfunktion

a) Vervollständige mithilfe der Zeichnung die Tabelle.
Zeichne für $\cos(\alpha)$ entsprechende Strecken ein und lies die Werte ab.

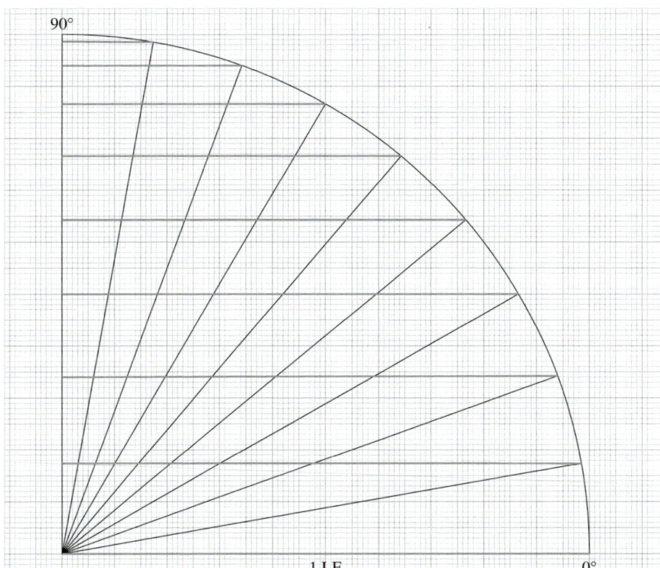

α im Gradmaß	$\cos(\alpha)$
0°	1
10°	0,98
20°	0,94
30°	0,87
40°	0,77
50°	0,64
60°	0,50
70°	0,34
80°	0,17
90°	0

b) Skizziere die Kosinusfunktion $y = \cos(x)$ mithilfe der Teilaufgabe **a** im vorgegebenen Koordinatensystem.

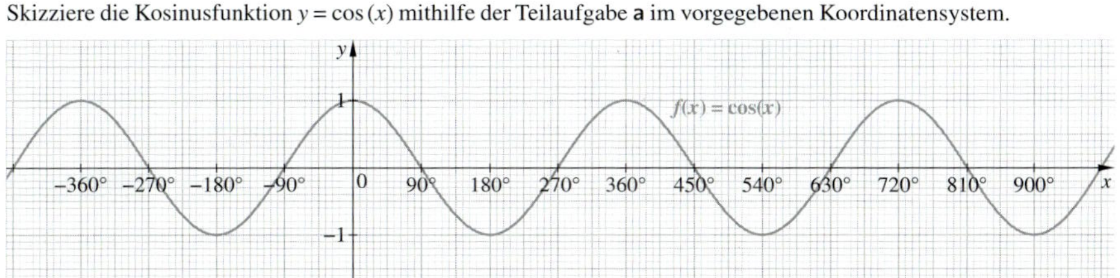

2 Eine Firma bietet verschieden lange Anlegeleitern an.
Der Neigungswinkel soll höchstens 70° betragen.
Um die maximal erreichbare Arbeitshöhe zu ermitteln, wird zur Anlegehöhe der Leiter 1,35 m addiert.

a) Ergänze die Tabelle.

Länge der Leiter	2,32 m	2,90 m	3,25 m	4,09 m
maximal erreichbare Arbeitshöhe	3,53 m	4,08 m	4,40 m	5,19 m
Entfernung des Fußendes von der Wand	0,79 m	0,99 m	1,11 m	1,40 m

b) Charlotte hat auf einem zusätzlichen Blatt Papier folgende Terme notiert.
Was hat sie vermutlich damit berechnet?

$\sin(70°) \cdot l$ — erreichte Höhe der Leiter bei einem Neigungswinkel von 70°

$\cos(70°) \cdot l$ — Entfernung des Fußendes der Leiter von der Wand bei einem Neigungswinkel von 70°

3 Gib fünf Werte an, für die gilt …

a) $\cos(x) = \cos(80°)$ z. B. $x_1 = -640°; x_2 = -280°; x_3 = 440°; x_4 = 800°; x_5 = 1160°$ $(280° + 360° \cdot k, 80° + 360° \cdot k; k \in \mathbb{Z})$

b) $\cos(x) = \cos(31°)$ z. B. $x_1 = -689°; x_2 = -329°; x_3 = 391°; x_4 = 751°; x_5 = 1111°$ $(329° + 360° \cdot k, 31° + 360° \cdot k; k \in \mathbb{Z})$

c) $\cos(x) = \cos(-\frac{\pi}{2})$ z. B. $x_1 = -4\frac{1}{2}\pi; x_2 = -2\frac{1}{2}\pi; x_3 = 1\frac{1}{2}\pi; x_4 = 3\frac{1}{2}\pi; x_5 = 5\frac{1}{2}\pi$ $(-\frac{\pi}{2} + k\pi; k \in \mathbb{Z})$

d) $\cos(x) = \cos(\pi)$ z. B. $x_1 = -3\pi; x_2 = -\pi; x_3 = 3\pi; x_4 = 5\pi; x_5 = 7\pi$ $(\pi + 2k\pi; k \in \mathbb{Z})$

e) $|\cos(x)| = 1$ z. B. $x_1 = -2\pi; x_2 = -1\pi; x_3 = 0; x_4 = \pi; x_5 = 2\pi$ $(k\pi; k \in \mathbb{Z})$

f) $\sin(x) = \cos(x)$ z. B. $x_1 = -\frac{3}{4}\pi; x_2 = \frac{1}{4}\pi; x_3 = 1\frac{1}{4}\pi; x_4 = 2\frac{1}{4}\pi; x_5 = 3\frac{1}{4}\pi$ $(\frac{1}{4}\pi + k\pi; k \in \mathbb{Z})$

4 Nenne mindestens zwei Gemeinsamkeiten und zwei Unterschiede von $f(x) = \sin(x)$ und $g(x) = \cos(x)$.
Zusatzaufgabe: Gib eine allgemeine Regel zum Berechnen der Winkelgrößen an.

Gemeinsamkeiten:
z. B.
1. Definitionsbereich: $\mathbb{R}$ 2. Wertebereich: $[-1; 1]$
3. Periode 360° bzw. 2π 4. Sie sind am Einheitskreis darstellbar.
5. Ihre Graphen können durch Verschiebung entlang der x-Achse aufeinander abgebildet werden.

Unterschiede:
z. B.
1. Sinusfunktion: Der Graph ist punktsymmetrisch zum Koordinatenurprung.
Der Graph der Kosinusfunktion ist achsensymmetrisch zur y-Achse.
2. Sinusfunktion: Nullstellen bei $k \cdot \pi$ ($k \in \mathbb{Z}$); Kosinusfunktion: Nullstellen bei $\frac{1}{2}\pi + k \cdot \pi$ ($k \in \mathbb{Z}$)

Sinusfunktionen mit Parametern

▶ Wissen

- Mit allgemeinen Sinusfunktionen in der Form
  $g(x) = a \cdot \sin(b \cdot (x - c)) + d$
  können periodische Vorgänge beschrieben werden.

Beispiel: Veranschaulichung der Spannung

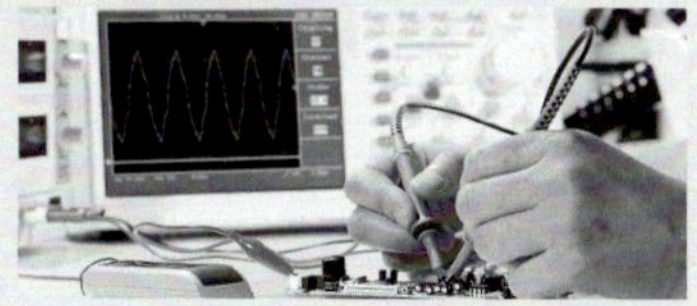

- Die Parameter a, b, c und d stehen für Veränderungen im Vergleich zu $f(x) = \sin(x)$.
  - a steht für eine Streckung oder Stauchung in Richtung der y-Achse mit dem Faktor $|a|$. Für $a < 0$ ist der Graph zusätzlich an der x-Achse gespiegelt.
  - b steht für eine Streckung oder Stauchung in Richtung der x-Achse mit dem Faktor $|\frac{1}{b}|$. Für $b < 0$ ist der Graph zusätzlich an der y-Achse gespiegelt.
  - c steht für eine Verschiebung in Richtung der x-Achse.
  - d steht für eine Verschiebung in Richtung der y-Achse.

▶ Auftrag: Ergänze die Sätze.

Aufgaben

1 Beschrifte jeweils zuerst die gegebenen Graphen. Zeichne danach die fehlenden Graphen ein.
Zusatzaufgabe: Zeichne diese und weitere Graphen der jeweiligen Form mit dynamischer Geometriesoftware.

a) $f(x) = \sin(x)$ und
Funktionen der Form $g(x) = a \cdot \sin(x)$

$g_1(x) = 0{,}5 \cdot \sin(x)$ $g_2(x) = -2 \cdot \sin(x)$
$g_3(x) = 2 \cdot \sin(x)$ $g_4(x) = -0{,}5 \cdot \sin(x)$

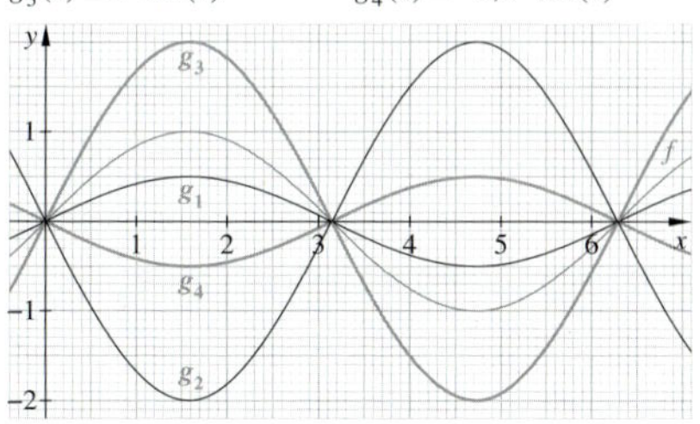

b) $f(x) = \sin(x)$ und
Funktionen der Form $g(x) = \sin(b \cdot x)$

$g_1(x) = \sin(0{,}5 \cdot x)$ $g_2(x) = \sin(-0{,}5 \cdot x)$
$g_3(x) = \sin(2 \cdot x)$ $g_4(x) = \sin(-2 \cdot x)$

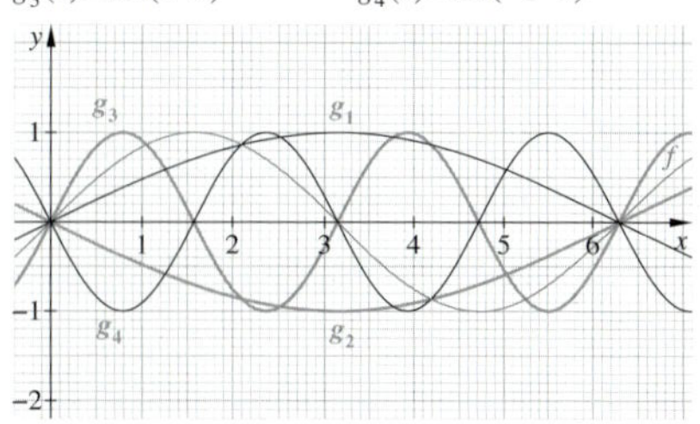

c) $f(x) = \sin(x)$ und
Funktionen der Form $g(x) = \sin(x - c) + d$

$g_1(x) = \sin(x) + 0{,}5$ $g_2(x) = \sin(x - 0{,}5) - 1$
$g_3(x) = \sin(x + 0{,}5) - 2$ $g_4(x) = \sin(x + 2) + 2$

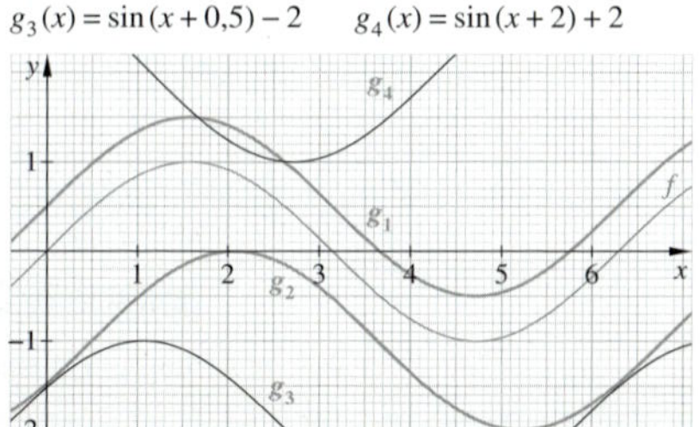

d) $f(x) = \sin(x)$ und
Funktionen der Form $g(x) = a \cdot \sin(x) + d$

$g_1(x) = 0{,}5 \cdot \sin(2 \cdot x) - 1{,}5$ $g_2(x) = 1{,}5 \cdot \sin(2 \cdot x) + 0{,}5$
$g_3(x) = 0{,}5 \cdot \sin(2 \cdot x) + 1$ $g_4(x) = 2 \cdot \sin(0{,}5 \cdot x) - 1{,}5$

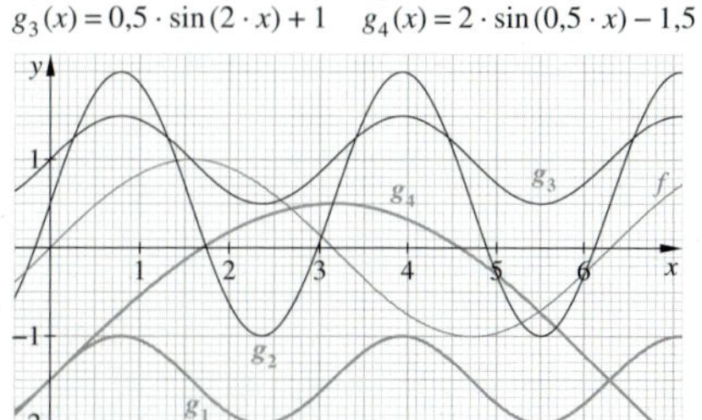

2 Im folgenden Diagramm ist die Bewegung des Pendels einer Uhr dargestellt.
Vor der ersten Schwingung befindet sich das Pendel in der Mitte in Ruhestellung.

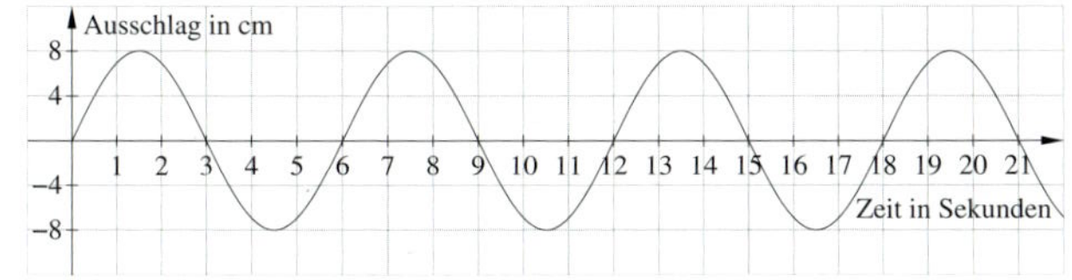

a) Wie groß ist der Zeitabstand zwischen den Maximalausschlägen des Pendels?

Der Abstand zwischen den Maximalausschlägen beträgt 16 cm (3 Sekunden).

b) Wie viele Schwingungen finden pro Stunde statt?

Eine Schwingung (von links nach rechts und zurück) dauert 6 Sekunden.

3600 s : 6 s = 600 In einer Stunde finden 600 Schwingungen statt.

c) Gib eine passende Funktionsgleichung an.

$g(x) \approx 8 \cdot \sin(1{,}047 \cdot x) + 0 = 8 \cdot \sin(1{,}047 \cdot x)$

3 Kreuze alle Vorgänge an, die im Alltag annähernd periodisch sind.

- ☒ Bewegung des Schaukelbretts bei fünf Minuten langem gleichmäßigem Schaukeln eines Kindes
- ☒ Veränderung des Wasserstands bei Ebbe und Flut im Verlauf eines Jahres
- ☒ Veränderung der Länge der Nacht (Dunkelheit) im Verlauf von drei Jahren
- ☐ Auftreten von Staus auf einer Straße im Verlauf von fünf Jahren
- ☐ Veränderung des Kontostandes im Verlauf von zehn Jahren
- ☒ Auftreten von Sternbildern an einem Teil des Himmels im Verlauf von zehn Jahren
- ☒ Auftreten gleicher Mondphasen im Verlauf von fünf Jahren

4 Ergänze die entsprechenden Funktionsgleichungen.
Hinweis: Skizziere die Graphen der Funktionen auf einem zusätzlichen Blatt Papier oder mit dynamischer Geometriesoftware.

	Der Graph der Funktion $h(x) = x^2$…	Der Graph der Funktion $k(x) = \sin(x)$…
wurde an der x-Achse gespiegelt	$h_1(x) = -x^2$	$k_1(x) = -\sin(x)$
wurde an der y-Achse gespiegelt	$h_2(x) = x^2$	z. B. $k_2(x) = \sin(x - \pi)$
wurde zuerst an der x-Achse und danach an der y-Achse gespiegelt	$h_3(x) = -x^2$	$k_3(x) = \sin(x)$
wurde in y-Richtung um -5 verschoben	$h_4(x) = x^2 - 5$	$k_4(x) = \sin(x) - 5$
wurde in x-Richtung um 4 nach rechts verschoben	$h_5(x) = (x - 4)^2$	$k_5(x) = \sin(x - 4)$
wurde in x-Richtung um -2 und um -7 in y-Richtung verschoben	$h_6(x) = (x + 2)^2 - 7$	$k_6(x) = \sin(x + 2) - 7$

Reelle Zahlen und Intervallschachtelung

▶ **Wissen**

- Mithilfe der Intervallschachtelung kann man beliebig genaue Näherungswerte ermitteln.

  Beispiel: Ermitteln von Näherungswerten für $\sqrt{2}$

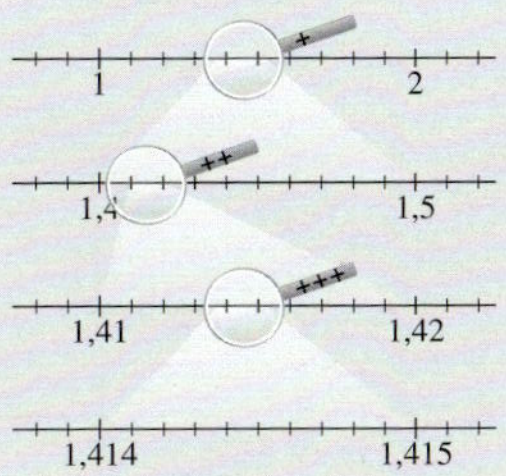

$1 < \sqrt{2} < 2$	, denn	$1^2 < 2 < 2^2$.
$1{,}4 < \sqrt{2} < 1{,}5$	, denn	$1{,}4^2 < 2 < 1{,}5^2$.
$1{,}41 < \sqrt{2} <$ 1,42	, denn	$1{,}41^2 < 2 < 1{,}42^2$.
$1{,}414 < \sqrt{2} <$ 1,415	, denn	$1{,}414^2 < 2 < 1{,}415^2$.

- Alle irrationalen und rationalen Zahlen bilden zusammen die Menge der reellen Zahlen.
  Irrationale Zahlen sind nichtperiodische Dezimalzahlen mit unendlich vielen Nachkommastellen.

  Beispiel: $\sqrt{2} = 1{,}414\,213\,562\,373\,095\,048\,801\,688\,724\,209\,698\,078\,569\,671\,875\,376\,9\ldots$

▶ **Auftrag:** Ergänze die Intervallschachtelung.

Aufgaben

1 Zwischen welchen benachbarten natürlichen Zahlen liegt die Zahl?
Hinweis: Die Zahlen sind ohne Taschenrechner zu ermitteln.

a) 5 $< \sqrt{30} <$ 6 b) 6 $< \sqrt{40} <$ 7 c) 7 $< \sqrt{50} <$ 8

7 $< \sqrt{61} <$ 8 8 $< \sqrt{72} <$ 9 9 $< \sqrt{83} <$ 10

3 $< \sqrt{12{,}6} <$ 4 8 $< \sqrt{78{,}6} <$ 9 20 $< \sqrt{411{,}7} <$ 21

2 Ermittle mithilfe der Intervallschachtelung Näherungswerte wie oben im „Wissen" stellenweise.
Hinweis: Probiere mit dem Taschenrechner. Nutze dabei nur die Taste zum Quadrieren.

a) 1 $< \sqrt{3} <$ 2 b) 4 $< \sqrt{17} <$ 5 c) 5 $< \sqrt{34} <$ 6

1,7 $< \sqrt{3} <$ 1,8 4,1 $< \sqrt{17} <$ 4,2 5,8 $< \sqrt{34} <$ 5,9

1,73 $< \sqrt{3} <$ 1,74 4,12 $< \sqrt{17} <$ 4,13 5,83 $< \sqrt{34} <$ 5,84

d) 9 $< \sqrt{82} <$ 10 e) 2 $< \sqrt{6{,}9} <$ 3 f) 0 $< \sqrt{0{,}4} <$ 1

9,0 $< \sqrt{82} <$ 9,1 2,6 $< \sqrt{6{,}9} <$ 2,7 0,6 $< \sqrt{0{,}4} <$ 0,7

9,05 $< \sqrt{82} <$ 9,06 2,62 $< \sqrt{6{,}9} <$ 2,63 0,63 $< \sqrt{0{,}4} <$ 0,64

3 Kreuze alle passenden Zahlen an.

a) Zur Menge der irrationalen Zahlen gehören …

☐ -7 ☐ 7^2 ☒ $\sqrt{7}$ ☐ $1{,}\overline{7}$ ☐ $\sqrt{0{,}09}$ ☐ $\sqrt{9}$ ☒ $\sqrt{11}$ ☐ $1\frac{1}{66}$

b) Zur Menge der reellen Zahlen gehören …

☒ -7 ☒ 7^2 ☒ $\sqrt{7}$ ☒ $1{,}\overline{7}$ ☒ $\sqrt{0{,}09}$ ☒ $\sqrt{9}$ ☒ $\sqrt{11}$ ☒ $1\frac{1}{66}$

4 Schreibe die Zahlen in die passenden Bereiche.

$\frac{1}{10}$; $-\sqrt{\frac{1}{100}}$; $-0{,}2$; $0{,}2\overline{6}$; $-0{,}2\overline{6}$; $\sqrt{0{,}04}$; $\sqrt{2}$; $\sqrt{25}$; -5; $\sqrt{5}$; 10; -10; $\sqrt{11}$; 1 Mio.; −1 Mio.

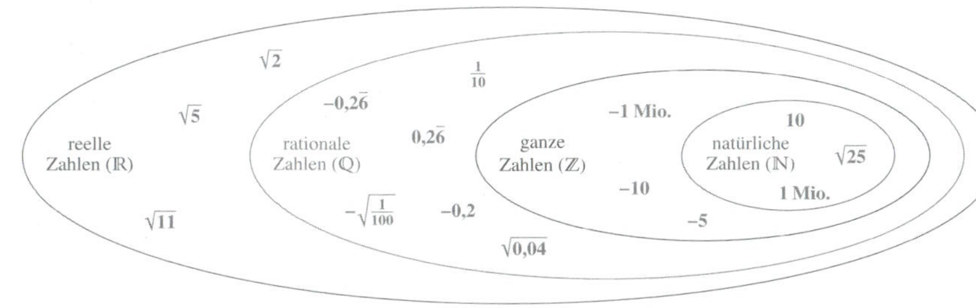

5 Das Heron-Verfahren ist ein Näherungsverfahren zur Ermittlung von Quadratwurzeln.
Folgende Gesetzmäßigkeiten werden dabei genutzt.

- Der Wert der Wurzel aus dem Flächeninhalt eines Quadrates liegt immer zwischen den Werten der Längen beider Seiten eines flächeninhaltsgleichen Rechtecks.
- Kennt man eine Seitenlänge des Rechtecks, so kann man die andere berechnen.
- Der Mittelwert aus beiden Seitenlängen liegt näher an der Wurzel.
  Nimmt man diesen Wert als Länge, so kann man die Wurzel immer weiter annähern.

Beispiel: Ermitteln von Näherungswerten für $\sqrt{3}$

Anfangswert	für die Länge des Rechtecks:	3 cm
	Wert für die Breite des Rechtecks:	$3\,cm^2 : 3\,cm = 1\,cm$
1. Näherung	für die Länge des Rechtecks:	$(3\,cm + 1\,cm) : 2 = 2\,cm$
	Wert für die Breite des Rechtecks:	$3\,cm^2 : 2\,cm = 1{,}5\,cm$
2. Näherung	für die Länge des Rechtecks:	$(2\,cm + 1{,}5\,cm) : 2 = 1{,}75\,cm$
	Wert für die Breite des Rechtecks:	$3\,cm^2 : 1{,}75\,cm = 1{,}714\ldots\,cm$

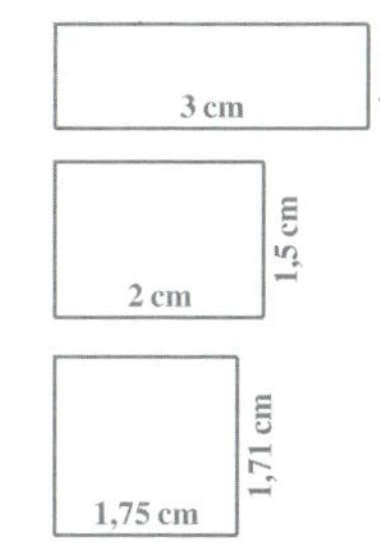

$\sqrt{3} = 1{,}7\ldots$

a) Zeichne rechts daneben zum Anfangswert und zu beiden Näherungen die passenden Rechtecke im Maßstab 1 : 1.

b) Ermittele mithilfe des Heron-Verfahrens Näherungswerte für $\sqrt{17}$.
Zusatzaufgabe: Wähle einen Anfangswert, mit dem man mit wenigen Näherungen $\sqrt{17}$ sehr nahe kommt.

z. B.

Anfangswert	für die Länge des Rechtecks:	4 cm
	Wert für die Breite des Rechtecks:	$17\,cm^2 : 4\,cm = 4{,}25\,cm$
1. Näherung	für die Länge des Rechtecks:	$(4\,cm + 4{,}25\,cm) : 2 = 4{,}125\,cm$
	Wert für Breite des Rechtecks:	$17\,cm^2 : 4{,}125\,cm = 4{,}\overline{12}\,cm$
2. Näherung	für die Länge des Rechtecks:	$(4{,}125\,cm + 4{,}\overline{12}\,cm) : 2 = 4{,}123\,106\ldots\,cm$
	Wert für Breite des Rechtecks:	$17\,cm^2 : 4{,}123\,106\,061\ldots\,cm = 4{,}123\,105\ldots\,cm$

$\sqrt{17} =$ 4,12310…

Zahlenfolgen

▶ Wissen

- Zahlenfolgen gehorchen einer Bildungsvorschrift. Sie werden oft mit a_n bezeichnet ($n \in \mathbb{N}, n \geq 1$).
- Nähern sich die Folgenglieder beliebig genau an eine Zahl g an, dann ist die Zahlenfolge konvergent. Die Zahl g ist der Grenzwert der Zahlenfolge. Man schreibt kurz: $\lim\limits_{n\to\infty} a_n = g$.

Beispiel: $a_n = 1 + \frac{8}{n}$ $\quad \lim\limits_{n\to\infty} (1 + \frac{8}{n}) = 1$

n	1	2	3	4	7	80
a_n	9	5	3,6	3	2,14	1,1

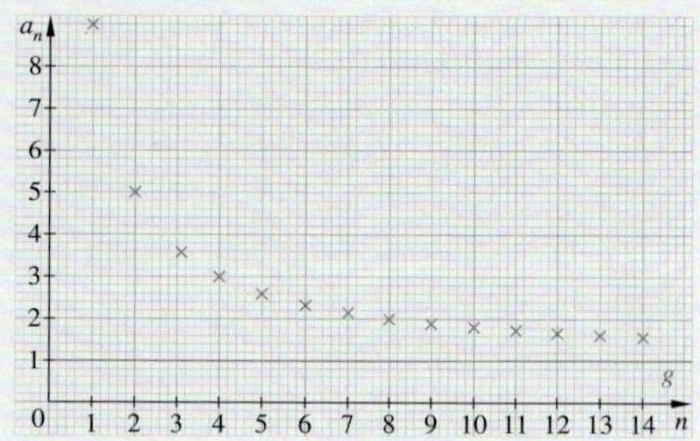

▶ Auftrag: Ergänze in der Tabelle die fehlenden Folgenglieder der Zahlenfolge $a_n = 1 + \frac{8}{n}$.

Aufgaben

1 Gib jeweils die Folgenglieder an.

a) Folge der geraden Zahlen $\quad a_n = 2n$

n	1	2	3	4	5	6	7	8
a_n	2	4	6	8	10	12	14	16

b) Folge der Quadratzahlen $\quad a_n = n^2$

n	1	2	3	4	5	6	7	8
a_n	1	4	9	16	25	36	49	64

c) Folge der Primzahlen

n	1	2	3	4	5	6	7	8
a_n	2	3	5	7	11	13	17	19

d) Folge der Summe beider vorangegangener Zahlen

n	1	2	3	4	5	6	7	8
a_n	1	1	2	3	5	8	13	21

2 Folgenglieder und Punkte im Koordinatensystem

a) Trage jeweils passende Punkte ins Koordinatensystem ein.
Hinweis: Verwende für jede Folge eine andere Farbe.

① $a_n = 1 + 0{,}2 \cdot n$

n	1	2	3	4	5	6	7
a_n	1,2	1,4	1,6	1,8	2	2,2	2,4

② $a_n = 3 + \frac{1}{n}$ $\quad \lim\limits_{n\to\infty} (3 + \frac{1}{n}) = 3$

n	1	2	3	4	5	6	7
a_n	4	3,5	$3,\overline{3}$	3,25	3,2	$3,1\overline{6}$	3,14

③ $a_n = 0{,}5n + (-1)^n$

n	1	2	3	4	5	6	7
a_n	−0,5	2	0,5	3	1,5	4	2,5

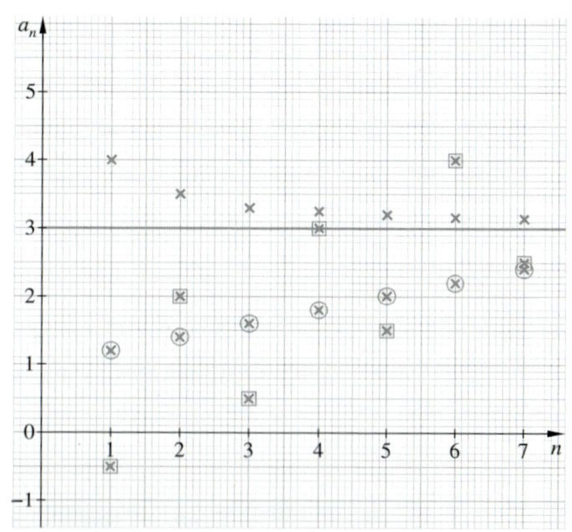

b) Markiere die konvergente Zahlenfolge.
Hinweis: Zeichne eine Gerade ein.

3 Die Folgen sind konvergent.
Ergänze jeweils fehlende Angaben.

① $\lim\limits_{n\to\infty} (100 + \frac{100}{n}) =$ 100

n	10	25	50	100	400
a_n	110	104	102	101	100,25

② $\lim\limits_{n\to\infty} (3000 \cdot 0{,}8^n) =$ 0

n	10	25	50	100	200
a_n	322,12	11,334	0,428	$6 \cdot 10^{-7}$	10^{-16}

③ $\lim\limits_{n\to\infty} \left(50 + \frac{1}{n^2}\right) =$ 50 z. B.

n	10	50	100	500	800
a_n	50,01	50,0004	50,0001	50,00	50,00

④ $\lim\limits_{n\to\infty} \left(\frac{1}{0{,}01n} + 20\right)^2 =$ 400 z. B.

n	50	100	200	1000	10000
a_n	484	441	420,25	404,01	400,40

⑤ $\lim\limits_{n\to\infty} ($ 300 $+ \frac{1000}{n}) = 300$

n	100	200	400	1000	10000
a_n	310	305	302,5	301	300,1

⑥ $\lim\limits_{n\to\infty} (250 -$ $\frac{10000}{n}$ $) = 250$

n	100	400	1000	10000	10000
a_n	150	225	240	249	249,9

4 ① ② ③ ④

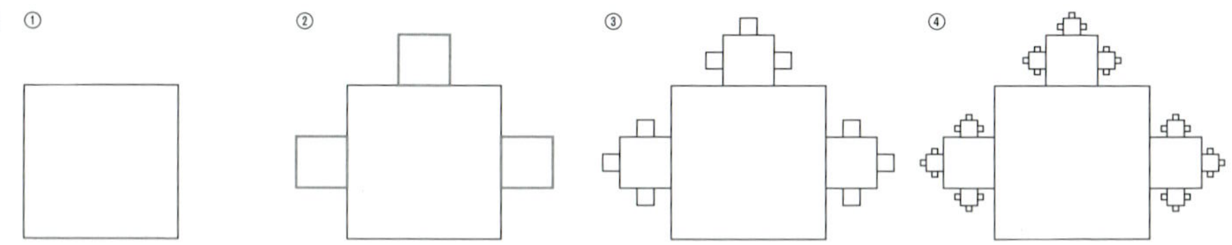

a) Vervollständige die zweite Figur passend zur Bildungsvorschrift.

b) Kreuze alle passenden Bildungsvorschriften für $n \geq 2$ an.
Hinweis: Das erste Quadrat hat die Seitenlänge 1.

① Umfang der Figur:

☐ $a_{n+1} = a_n + 3$ ☒ $a_{n+1} = a_n + 2$
☒ $a_n = 4 + 2n$ ☐ $a_n = 4 + 3n$

② Flächeninhalt der Figur:

☒ $a_{n+1} = a_n + \left(\frac{1}{3}\right)^{n+1}$ ☐ $a_{n+1} = a_n + 3^{n+1}$
☒ $a_n = \frac{3}{2} - \frac{1}{2}\left(\frac{1}{3}\right)^n$ ☒ $a_n = \frac{3}{2}\left(1 - \left(\frac{1}{3}\right)^{n+1}\right)$

c) Gib, wenn möglich, den Grenzwert g für $n \to \infty$ an.

① Umfang der Figur: $g =$ –

② Flächeninhalt der Figur: $g =$ 1,5

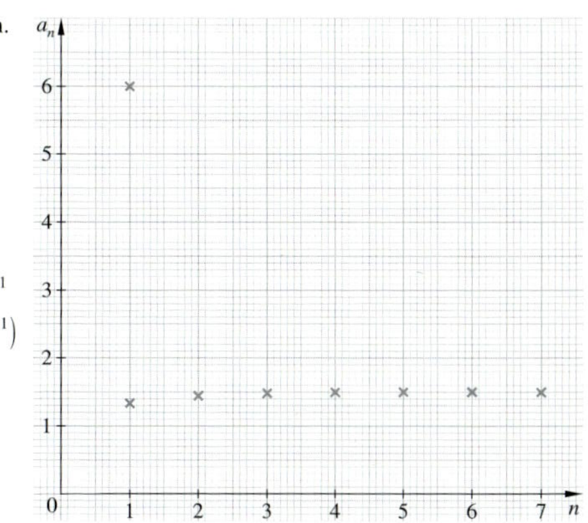

5 Gib eine Bildungsvorschrift zum Ergänzen beliebig vieler Ziffer der irrationalen Zahl an.
z. B.
0,1 12 123 1234 12345 123456 1234567 12345678 123456789 12345678910 12345678911 12345678912 …

Die jeweils folgenden Ziffern erhält man durch Zählen.

Begonnen wird stets mit „1“. Man zählt je Ziffernblock eine Zahl weiter.

Kapitel **Vierfeldertafeln**

1 Vervollständige die Vierfeldertafeln.

	Produkt A	Produkt B	insgesamt
Jungen	85	95	180
Mädchen	124	96	220
insgesamt	209	191	400

	krank	gesund	insgesamt
Ergebnis positiv	94 %	2 %	96 %
Ergebnis negativ	3 %	1 %	4 %
insgesamt	97 %	3 %	100 %

2 Eine Firma hat einen Lügendetektortest entwickelt und seine Zuverlässigkeit an 3 000 Personen überprüft. Es wurde festgestellt, dass mit dem Detektor 702 Lügner als Lügner erkannt wurden. 198 Personen, die im Test keine Lügner waren, wurden vom Detektor als keine Lügner erkannt. Laut Detektor waren unter den Personen 900 Lügner. In Wirklichkeit gab es 912 Lügner.

a) Ergänze die Vierfeldertafeln.

Vierfeldertafel mit absoluten Häufigkeiten

	Lügner laut Detektor	kein Lügner laut Detektor	insgesamt
Lügner in Wirklichkeit	702	210	912
kein Lügner in Wirklichkeit	198	1 890	2 088
insgesamt	900	2 100	3 000

Vierfeldertafel mit relativen Häufigkeiten in Prozent

	Lügner laut Detektor	kein Lügner laut Detektor	insgesamt
Lügner in Wirklichkeit	23,4 %	7 %	30,4 %
kein Lügner in Wirklichkeit	6,6 %	63 %	69,6 %
insgesamt	30,0 %	70 %	100 %

b) Eine Person bekommt das Urteil: Lügner.
Ermittle mithilfe eines Baumdiagramms, mit welcher Wahrscheinlichkeit er ein Lügner und mit welcher Wahrscheinlichkeit kein Lügner ist.
Bewerte dein Ergebnis mit einer der Vierfeldertafeln bei Teilaufgabe **a**.

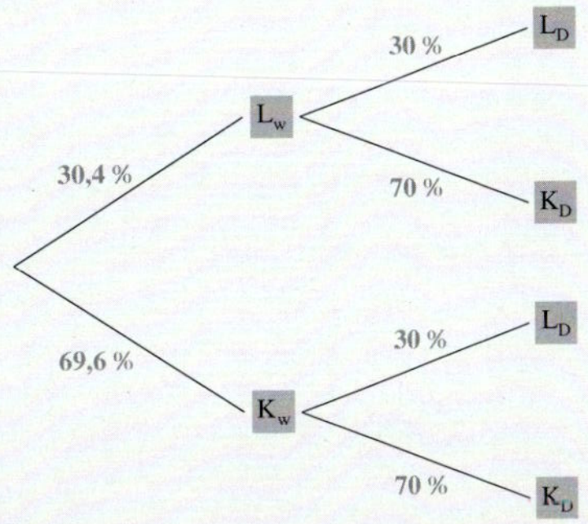

P(„Lügner stimmt.“) = $0{,}304 \cdot 0{,}3$

$\approx 0{,}0912 = 9{,}12\,\%$

P(„Lügner stimmt nicht.“) = $0{,}696 \cdot 0{,}3$

$= 0{,}2088 = 20{,}88\,\%$

Die gleichen Ergebnisse können aus der Vierfeldertafel mit relativen Häufigkeiten abgelesen werden. Sie stimmen.

Kapitel **Potenzen**

1 Schreibe als Dezimalzahl.

a) $6 \cdot 10^4 =$ **60 000** **b)** $1{,}257 \cdot 10^5 =$ **125 700** **c)** $2 \cdot 10^{-4} =$ **0,0002** **d)** $1{,}36 \cdot 10^{-3} =$ **0,00136**

2 Gib jeweils das Ergebnis an. Überprüfe es durch Potenzieren.
Hinweis: Arbeite ohne Taschenrechner.

a) $\sqrt[3]{0{,}000001} = 0{,}01$, denn $(0{,}01)^3 = 0{,}000001$ **b)** $\sqrt[4]{0{,}0081} = 0{,}3$, denn $(0{,}3)^4 = 0{,}0081$

c) $\sqrt[2]{1{,}21} = 1{,}1$, denn $(1{,}1)^2 = 1{,}21$ **d)** $\sqrt[5]{0{,}00032} = 0{,}2$, denn $(0{,}2)^5 = 0{,}00032$

3 Gib die Größenangaben in Zehnerpotenzschreibweise in den gegebenen Einheiten an.

a) Masse der Erde

6 000 000 000 000 000 000 000 000 t = $6 \cdot 10^{24}$ t = $6 \cdot 10^{25}$ dt = $6 \cdot 10^{27}$ kg

b) Dicke eines Haares von Tim

0,06 mm = $6 \cdot 10^{-2}$ mm = $6 \cdot 10^{-3}$ cm = $6 \cdot 10^{-4}$ m = $6 \cdot 10^{-7}$ km

4 Gib den Unterschied von einer Million zu einer Milliarde in Zehnerpotenzschreibweise an. $9{,}99 \cdot 10^8$

5 Vereinfache, wenn möglich.
Welche Werte können die Variablen annehmen?

a) $\sqrt{121\,a^2 b} \cdot \sqrt{16b} = \sqrt{11^2 a^2 b} \cdot \sqrt{4^2 b} = 11a \cdot \sqrt{b} \cdot 4\sqrt{b} = 44ab$ $a, b \in \mathbb{R}$; $b \geq 0$

b) $\sqrt{\frac{b^2-4}{b^2}} = \frac{\sqrt{b^2-4}}{b} = \frac{1}{b} \cdot \sqrt{b^2-4}$ $b \in \mathbb{R}$; $b \geq 2$

6 5 000 € werden zu einen Zinssatz von 6,5 % p. a. für 10 Jahre als Festgeld mit Zinseszins angelegt.
Stelle eine passende Formel auf. Ermittle damit den Betrag, der am Ende des letzten Jahres ausgezahlt wird.

$K_n = 5000\,€ \cdot 1{,}065^n$ $K_{10} = 5000\,€ \cdot 1{,}065^{10} \approx 9385{,}69\,€$

Am Ende der Laufzeit werden insgesamt 9 385,69 € ausgezahlt.

7 Rote Würfel werden nach den Kantenlängen in Holzkisten einsortiert.
Es wird unterschieden nach Würfel mit 1 cm, 2 cm, 3 cm, 4 cm, 5 cm … lange Kanten.

a) Welche Kisten kommen für einen 75 cm³ großen Würfel infrage?

$4 < \sqrt[3]{75} < 5$ $4^3 = 64$ $5^3 = 125$

Die Kisten mit den Kantenlängen von 4 cm und 5 cm kommen infrage.

b) Präzisiere die Regel für das Sortieren so, dass jeweils nur eine Kiste infrage kommt.

individuelle Lösung

Kapitel Exponentielle Zusammenhänge

1 Lineares und exponentielles Wachstum

① $B(n) = 2 + 0{,}25x$

n	0	1	2	3	4
$B(n)$	2	2,25	2,5	2,75	3

② $B(n) = 1{,}4^n$

n	0	1	2	3	4
$B(n)$	1	1,4	1,96	2,744	3,8416

③ $B(n) = 3 \cdot 0{,}5^n$

n	0	1	2	3	4
$B(n)$	3	1,5	0,75	0,375	0,1875

④ $B(n) = 4 - 0{,}75x$

n	0	1	2	3	4
$B(n)$	4	3,25	2,5	1,75	1

a) Ermittle jeweils die fehlenden Werte und trage jeweils alle fünf Punkte im Koordinatensystem ein.

b) Ordne die Gleichungen den Tabellen zu und den Graphen. Gib jeweils die Art des Wachstums an.

$B(n) = 1{,}4^n$ ②

positives exponentielles Wachstum

$B(n) = 2 + 0{,}25x$ ①

positives lineares Wachstum

$B(n) = 3 \cdot 0{,}5^n$ ③

negatives exponentielles Wachstum

$B(n) = 4 - 0{,}75x$ ④

negatives lineares Wachstum

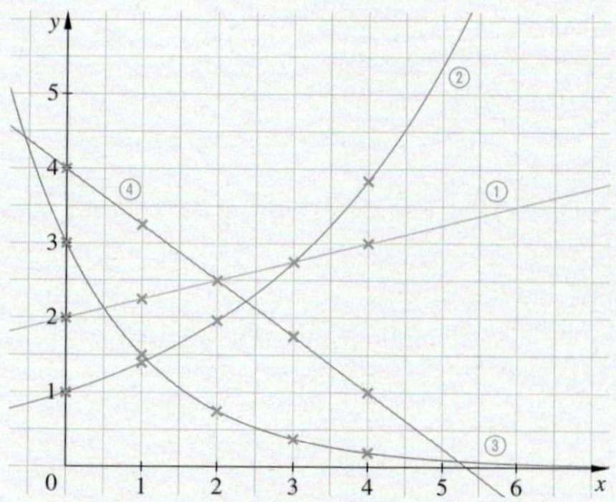

2 5 000 € werden zu einen Zinssatz von 6,5 % p. a. für 10 Jahre als Festgeld mit Zinseszins angelegt. Stelle eine passende Formel auf. Ermittle damit den Betrag, der am Ende des 10-ten Jahres ausgezahlt wird.

$K_n = 5000\,€ \cdot 1{,}065^n$ $\quad K_{10} = 5000\,€ \cdot 1{,}065^{10} \approx 9\,385{,}69\,€$

Am Ende der Laufzeit werden insgesamt 9 385,69 € ausgezahlt.

3 „Schneide" jeweils gleichseitige Dreiecke mit halb so langen Seiten heraus.

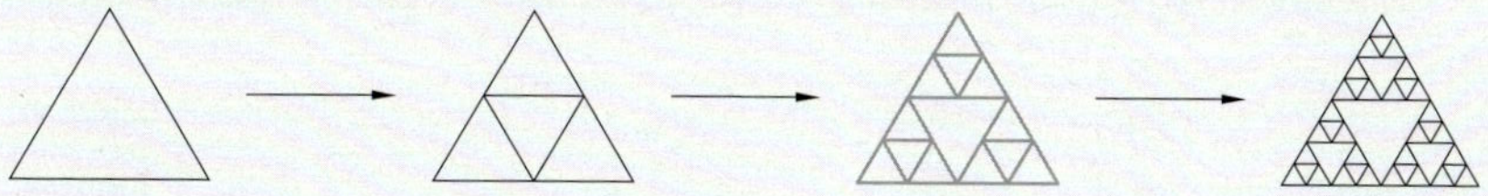

Stufe 0 — Stufe 1 — Stufe 2 — Stufe 3

a) Zeichne die Figur zur Stufe 2 und ergänze die Tabelle.

	Stufe 0	Stufe 1	Stufe 2	Stufe 3
Flächeninhalt der restlichen Figur	1	$\frac{3}{4}$	$\frac{3}{16}$	$\frac{3}{43}$

b) Gib eine Formel zur Berechnung des Flächeninhalts A in der n-ten Stufe an. $A_n = \left(\frac{3}{4}\right)^n$

Kapitel Kreisberechnungen

1 Ergänze die fehlenden Angaben.

Münzen	Radius	Durchmesser	Umfang	Flächeninhalt
2 €	12,875 mm	25,76 mm	80,90 mm	521 mm²
1 €	11,631 mm	23,25 mm	73,08 mm	425 mm²
50 ct	1,213 cm	2,426 cm	7,62 cm	4,62 cm²

2 Ermittle jeweils Umfang und Flächeninhalt der Figuren.

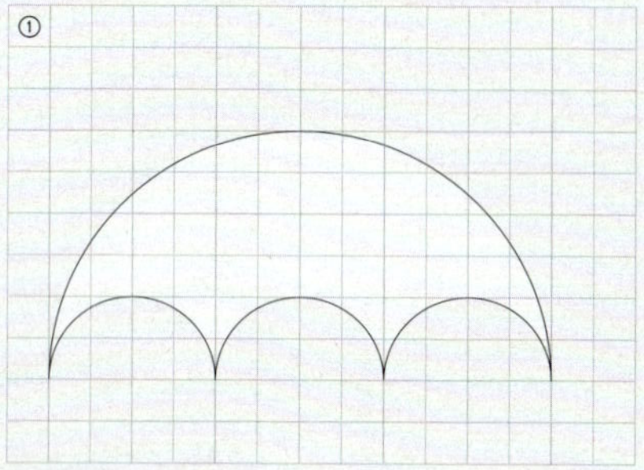

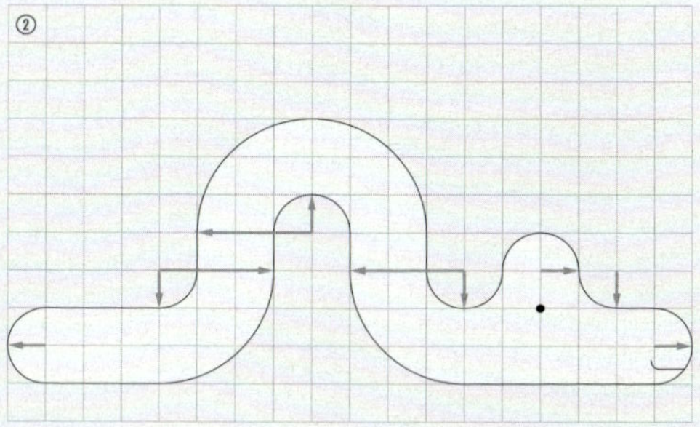

Umfang von Figur ①:

$3 \cdot \pi \cdot 2\,\text{cm} : 2 + \pi \cdot 6\,\text{cm} : 2 \approx 18{,}85\,\text{cm} \approx 19\,\text{cm}$

Flächeninhalt von Figur ①:

$\pi \cdot 3\,\text{cm} \cdot 3\,\text{cm} : 2 - 3 \cdot \pi \cdot 1\,\text{cm} \cdot 1\,\text{cm} : 2 \approx 9{,}42\,\text{cm}^2 \approx 9{,}4\,\text{cm}^2$

Umfang von Figur ②:

$\left(\frac{1}{2}+\frac{1}{4}+\frac{1}{2}+\frac{1}{2}+\frac{1}{4}+\frac{1}{2}+\frac{1}{2}\right) \cdot \pi \cdot 1\,\text{cm} + \left(\frac{1}{4}+\frac{1}{4}+\frac{1}{2}\right) \cdot \pi \cdot 3\,\text{cm} + 8\,\text{cm} \approx 27\,\text{cm}$

Flächeninhalt von Figur ②:

$\pi \cdot 1{,}5 \cdot 1{,}5\,\text{cm}^2 + 1 \cdot 1{,}5\,\text{cm}^2 + 2 \cdot 0{,}5 \cdot 1\,\text{cm}^2 + 1{,}5 \cdot 2\,\text{cm}^2 + 0{,}5 \cdot 1\,\text{cm}^2 \approx 13\,\text{cm}^2$

3 Eine Wendeltreppe besteht aus 19 Stufen, die 20 cm hoch sind. Bei einer Renovierung sollen die Trittflächen nachlackiert werden.
Ein dünner durchgehender Lichtschlauch wird nachträglich am Außenrand zur Beleuchtung angebaut.

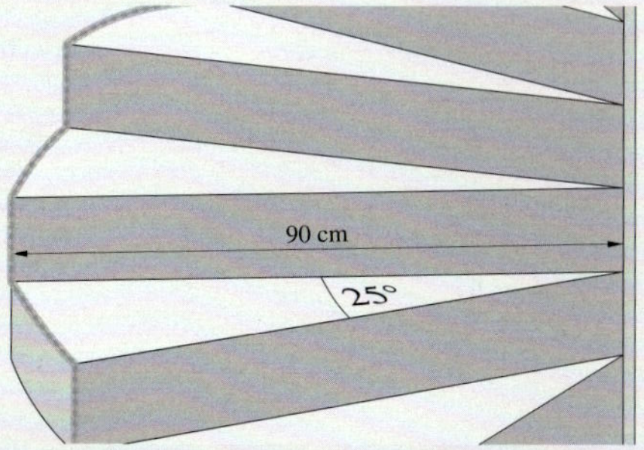

a) Wie groß ist die zu lackierende Fläche?

$19 \cdot \left(\pi \cdot (0{,}9\,\text{m})^2 \cdot \frac{25°}{360°}\right) \approx 3{,}36\,\text{m}^2$

Rund 3,36 m² sind zu lackieren.

b) Wie viel Meter Lichtschlauch werden benötigt?

$19 \cdot \left(\pi \cdot 0{,}9\,\text{m} \cdot \frac{25°}{180°} + 0{,}2\,\text{m}\right) \approx 11{,}26\,\text{m}$

Rund 11,26 m Lichtschlauch werden benötigt.

Kapitel Körperberechnungen

1 Streiche alle Zeichnungen durch, die keine Netze von Körpern darstellen. Ermittle den Oberflächeninhalt der drei Körper zu den Netzen. Entnimm die Maße der Zeichnung.

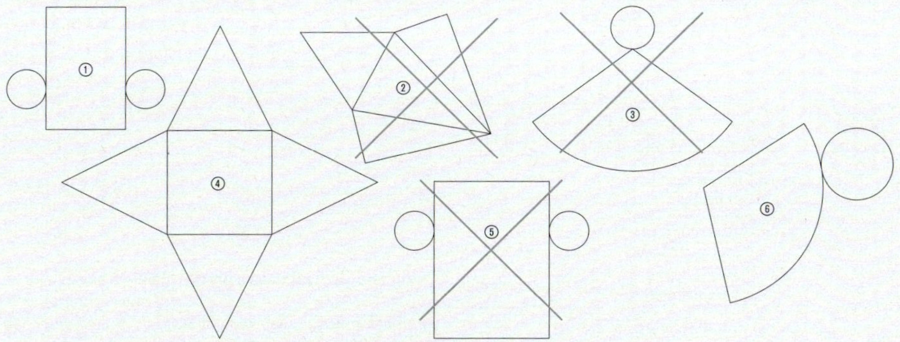

① **Zylinder:** $2 \cdot \pi \cdot (0{,}375\,\text{cm})^2 + 2 \cdot \pi \cdot 0{,}375\,\text{cm} \cdot 1{,}5\,\text{cm} \approx 4{,}42\,\text{cm}^2 \approx 4\,\text{cm}^2$

⑥ **Kegel:** $\pi \cdot (0{,}7\,\text{cm})^2 + \pi \cdot 0{,}7\,\text{cm} \cdot 2{,}3\,\text{cm} \approx 6{,}60\,\text{cm}^2 \approx 7\,\text{cm}^2$

④ **Pyramide:** $(2\,\text{cm})^2 + 4 \cdot \left(\frac{1}{2} \cdot 2\,\text{cm} \cdot 2\,\text{cm}\right) = 12\,\text{cm}^2$

2 Entscheide, ob die Angaben sinnvoll sind. Wenn ja, ergänze die Größenangaben in der Tabelle. Hinweis: Rechne gegebenenfalls auf einem zusätzlichen Blatt.

	Flächeninhalt der Grundfläche	Oberflächeninhalt	Volumen
6 cm hoher Zylinder mit einem Durchmesser von 3 cm	$7{,}07\,\text{cm}^2$	$70{,}69\,\text{cm}^2$	$42{,}41\,\text{cm}^3$
6 cm hoher Kegel mit einem Grundflächenradius von 4 cm	$50{,}27\,\text{cm}^2$	$140{,}88\,\text{cm}^2$	$100{,}54\,\text{cm}^3$
6 cm hohe Pyramide mit quadratischer Grundfläche mit 5 cm langen Seiten	$25{,}00\,\text{cm}^2$	$90{,}00\,\text{cm}^2$	$50{,}00\,\text{cm}^3$
Kugel mit 6 cm Durchmesser		$113{,}10\,\text{cm}^2$	$113{,}10\,\text{cm}^3$

3 In einigen Geschäften wurden für Kunden Wasserspender aufgestellt. Um zu verhindern, dass volle Becher in den Regalen abgestellt werden, verwendet man kegelförmige Gefäße aus Papier. Ein Becher mit einem Durchmesser von 8 cm fasst maximal ca. 0,15 l Wasser. Berechne seine Höhe.

$\frac{1}{3}\pi \cdot (0{,}4\,\text{dm})^2 \cdot h = 0{,}15\,\text{dm}^3$

$h \approx 0{,}9\,\text{dm} = 9\,\text{cm}$

Der Becher ist rund 9 cm hoch.

Kapitel Periodische Vorgänge

1 Eine Turmuhr hat einen 40 cm langen Stundenzeiger und einen 50 cm langen Minutenzeiger.

a) In der folgenden Tabelle wird den Minuten nach 00:00 Uhr jeweils die Höhe der Spitze der Minutenzeigers über bzw. unter der Geraden durch „IX" und „III" zugeordnet. Vervollständige die Tabelle.

Zeit in min	0	10	15	20	30	40	45	50	60	75	90	105
Höhe in cm	50	25	0	−25	−50	−25	0	25	50	0	−50	0

b) Fertige eine entsprechende Tabelle für den Stundenzeiger an.

Zeit in h	0	2	3	4	6	8	9	10	12	15	18	21
Höhe in cm	40	20	0	−20	−40	−20	0	20	40	0	−40	0

c) Zeichne in das Koordinatensystem zwei Graphen, welche die Zeit-Höhe-Zuordnungen für die beiden Zeiger darstellen. Beachte die Einteilung auf der Zeitachse!

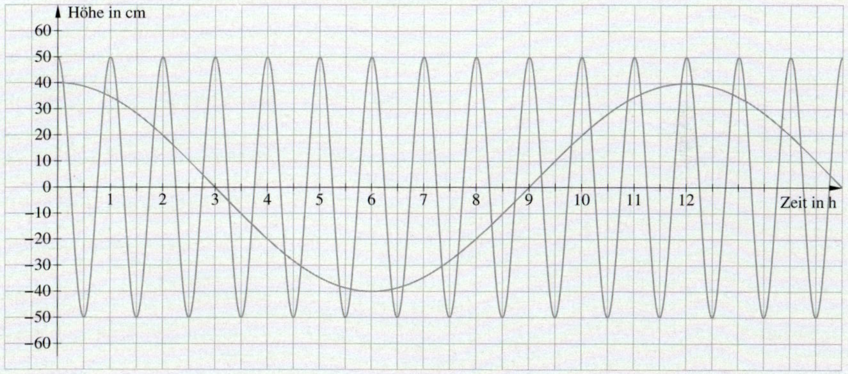

d) Stelle die Funktionsgleichungen zu beiden Zeigern in der Form $f(x) = a \cdot \sin(b \cdot (x - c)) + d$ dar, wobei x die Zeit in Stunden angibt.

Stundenzeiger: $s(x) = 40\sin\left(\frac{1}{6}\pi(x+3)\right)$

Minutenzeiger: $m(x) = 60\sin\left(2\pi\left(x+\frac{1}{4}\right)\right)$

2 Nenne Eigenschaften folgender Funktionsgraphen.

	$f(x) = \sin(x)$	$g(x) = \cos(x)$	$h(x) = 6 \cdot \sin(4 \cdot (x-2) + 3)$
Amplitude	1	1	6
Periodenlänge	2π	2π	$\frac{1}{2}\pi$

Kapitel Zahlbereiche und Grenzprozesse

1 Kreuze Zutreffendes an.

① Irrationale Zahlen lassen sich durch keinen Bruch darstellen.	☒ wahr	☐ falsch
② Irrationale Zahlen haben unendlich viele Nachkommastellen.	☒ wahr	☐ falsch
③ Irrationale Zahlen sind manchmal periodisch.	☐ wahr	☒ falsch
④ Irrationale Zahlen sind beispielsweise π und $\sqrt{2}$.	☒ wahr	☐ falsch
⑤ Irrationale Zahlen und rationale Zahlen sind reelle Zahlen.	☒ wahr	☐ falsch

2 Ergänze zuerst die Sätze.
Veranschauliche danach in dem Mengendiagramm die Beziehungen von vier Zahlbereichen.

ℕ steht für die Menge der natürlichen Zahlen.

ℤ steht für die Menge der ganzen Zahlen.

ℝ steht für die Menge der reellen Zahlen.

ℚ steht für die Menge der gebrochenen Zahlen.

𝕀 steht für die Menge der irrationalen Zahlen.

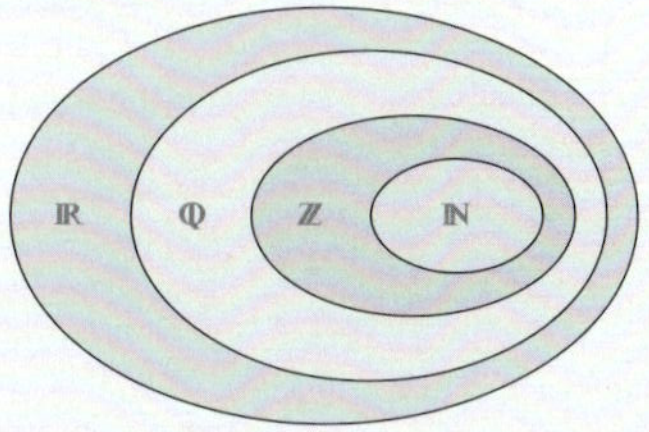

3 Ermittle mithilfe der Intervallschachtelung stellenweise Näherungswerte.
Hinweis: Nutze nur die Taste zum Quadrieren.

z. B.

a) $4 < \sqrt{23} < 5$
$4{,}7 < \sqrt{23} < 4{,}8$
$4{,}79 < \sqrt{23} < 4{,}80$

b) $0 < \sqrt{0{,}7} < 1$
$0{,}8 < \sqrt{0{,}7} < 0{,}9$
$0{,}83 < \sqrt{0{,}7} < 0{,}84$

4 Zahlenfolgen

a) Veranschauliche Folgenglieder der Zahlenfolgen im Koordinatensystem.
Gib, wenn möglich, den Grenzwert für $n \to \infty$ an.

① $a_n = -\frac{3}{n}$ $\quad \lim_{n\to\infty}\left(-\frac{3}{n}\right) = 0$

② $a_n = -3 + \frac{1}{n}$ $\quad \lim_{n\to\infty}\left(-3 + \frac{1}{n}\right) = -3$

③ $a_n = -3n^2$ $\quad \lim_{n\to\infty}\left(-3n^2\right) = -$

④ $a_n = 3 - \left(\frac{1}{3}\right)^n$ $\quad \lim_{n\to\infty}\left(3 - \left(\frac{1}{3}\right)^n\right) = 3$

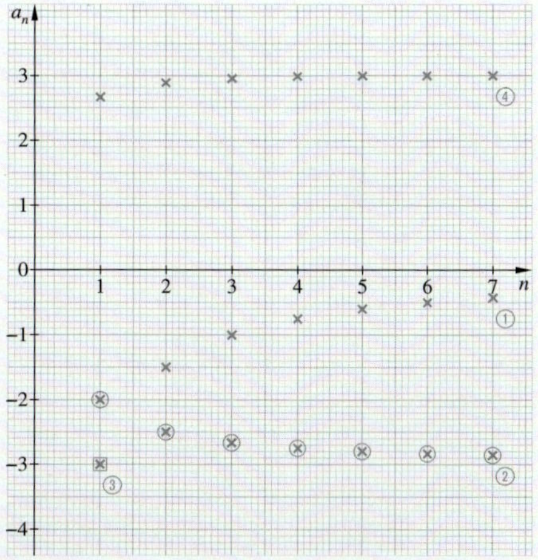

b) Gib eine Zahlenfolge an, für die gilt

1. $-10 \le a_n \le -8$ und
2. $\lim_{n\to\infty}(a_n) = -9$.

z. B.
$a_n = -9 + \frac{1}{n}$

Jahrgangsstufentest

1 Vereinfache die Terme.

a) $7x \cdot 7 \cdot x \cdot x \cdot x^3 = 49x^6$ **b)** $y^7 : y^{-5} = y^{12}$ **c)** $\frac{z^5 \cdot x^5}{x^3} = z^5 \cdot x^2$ **d)** $(x^2)^7 - x^{10} = x^{14} - x^{10}$

2 Berechne ohne Taschenrechner.

a) $\sqrt{2} \cdot \sqrt{32} = 8$ **b)** $\sqrt[3]{7^6} = 49$ **c)** $\frac{\sqrt[4]{32}}{\sqrt[4]{2}} = 2$ **d)** $\sqrt[2]{\sqrt[3]{64}} = 2$

3 Verzinsung mit und ohne Zinseszins

① $K(n) = K(0) \cdot \left(1 + \frac{p}{100}\right)^n$

② $K(n) = K(n-1) \cdot \left(1 + \frac{p}{100}\right)^n$

③ $K(n) = K(0) + n \cdot K(0) \cdot \frac{p}{100}$

④ $K(n) = K(n-1) + K(0) \cdot \left(\frac{p}{100}\right)$

a) Ergänze die Sätze.

$K(0)$ steht für das Startkapital.

$K(n)$ steht für das Kapital nach n Jahren.

n steht für die Zeit in Jahren.

$\frac{p}{100}$ steht für den Zinssatz pro Jahr.

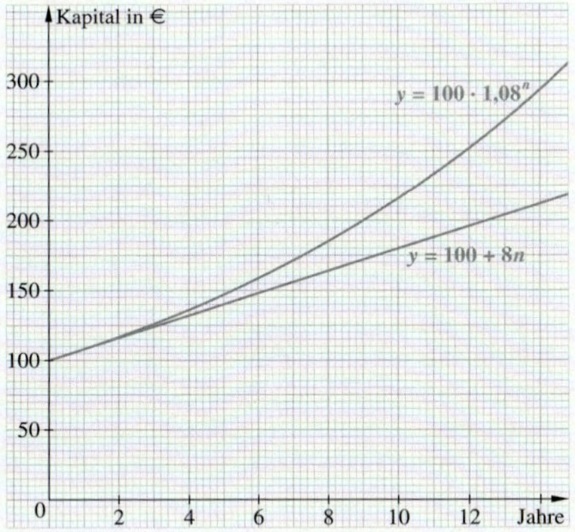

b) Stell dir vor: 100 € Schulden werden 15 Jahre zu einem Zinssatz von 8 % p. a. verzinst
Veranschauliche die Entwicklung der Schulden bei Verzinsung mit und ohne Zinseszins im Koordinatensytem.

c) Betrachte die obigen Formeln und kreuze Zutreffendes an.

Verzinsung mit Zinseszins	☒ ①	☒ ②	☐ ③	☐ ④
Verzinsung ohne Zinseszins	☐ ①	☐ ②	☒ ③	☒ ④
lineares Wachstum	☐ ①	☐ ②	☒ ③	☒ ④
exponentielles Wachstum	☒ ①	☒ ②	☐ ③	☐ ④

4 Familie Krüger hat einen dünnwandigen zylinderförmigen Pool mit 3 m Durchmesser und einer Höhe von 80 cm.

a) Wie viele Quadratmeter beträgt die Stellfläche des Pools?

$\pi \cdot r^2 = \pi \cdot (1{,}5\,\text{m})^2 \approx 7{,}07\,\text{m}^2$ Rund 7 m² beträgt die Stellfläche des Pools.

b) Die seitliche Wand des Pools entsteht aus einem Rechteck. Zwei gegenüberliegende Seiten berühren einander.
Gib dessen Maße des Rechtecks an.

$2 \cdot \pi \cdot r = 2 \cdot \pi \cdot 1{,}5\,\text{m} \approx 9{,}42\,\text{m}$ Die Seiten sind 0,8 m und rund 9,42 m lang.

c) Wie viel Liter Wasser sind im Pool, wenn das Wasser 70 cm hoch steht?

$\pi \cdot r^2 \cdot h = \pi \cdot (15\,\text{dm})^2 \cdot 7\,\text{dm} \approx 4\,948\,\text{dm}^3 = 4\,948\,\text{l}$ Rund 4 948 l Wasser sind bei einer Höhe von 70 cm im Pool.

5 Berechne den Umfang und den Flächeninhalt der Figur.

$u = 7\text{ cm} + 4\text{ cm} + 3\text{ cm} + (\pi \cdot 8\text{ cm}) : 4 \approx 20{,}28\text{ cm}$

$A = 3\text{ cm} \cdot 4\text{ cm} + (\pi \cdot (4\text{ cm})^2) : 4 \approx 24{,}57\text{ cm}^2$

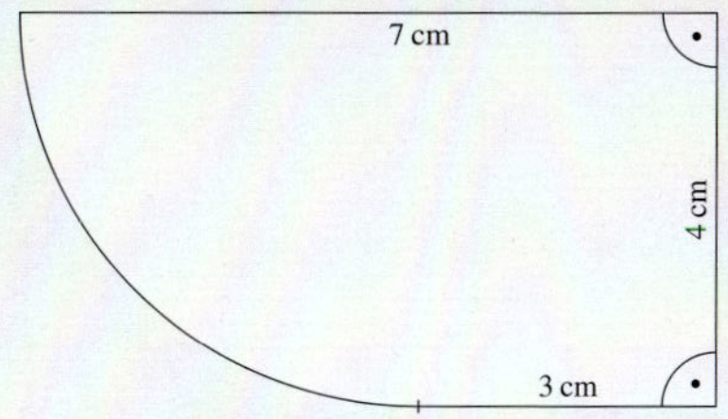

6 Im Koordinatensystem ist der Graph der Sinusfunktion vorgegeben.
Zeichne die Graphen folgender Funktionen in das Koordinatensystem ein. $f(x) = 2\sin(x)$ $g(x) = \sin(2x)$

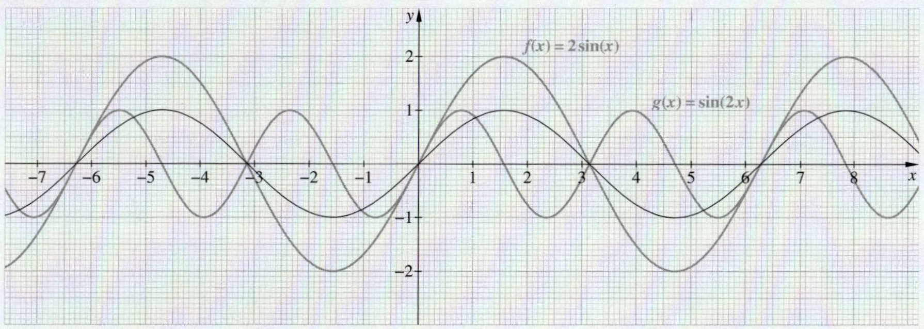

7 Trage die Buchstaben der gesuchten Wörter in die Kästchen ein.
Wenn alles richtig ist, ergibt sich ein Lösungswort.

1. Betrachtet man bei einer Datenerhebung zwei Merkmale, für die es jeweils zwei Möglichkeiten gibt, so lassen sich die Häufigkeiten übersichtlich in einer … darstellen.
2. Bei der … Berechnungen eines Bestandes wird der Bestand des vorherigen Zeitpunkts verwendet.
3. Die Folge $a_n = \frac{1}{n}$ hat den … 0.
4. Irrationale Zahlen kann man nicht als … darstellen.
5. Die Mantelfläche und die Grundflächen bilden die Oberfläche eines …
6. Das Volumen eines … ist das Produkt vom Flächeninhalt der Grundfläche und der Höhe des Körpers.
7. Jede Potenz hat einen …
8. π nennt man auch …
9. Unter dem Wurzelzeichen ist der …
10. Der kleinste Abstand, in dem sich alle Werte wiederholen, heißt …
11. Die Größe eines Winkels kann im … angegeben werden.
12. Jeder Kreis hat einen …
13. Den Grenzwert nennt man auch …

1. V I E R F E L D E R T A F E L
2. R E K U R S I V E N
3. G R E N Z W E R T
4. B R U C H
5. K E G E L S
6. Z Y L I N D E R S
7. E X P O N E N T E N
8. K R E I S Z A H L
9. R A D I K A N D
10. P E R I O D E
11. B O G E N M A S S
12. R A D I U S
13. L I M E S

Inhaltsverzeichnis

Vierfeldertafeln

Potenzen

Exponentielle Zusammenhänge

Kreisberechnungen

Körperberechnungen

Periodische Vorgänge

Zahlbereiche und Grenzprozesse

Tests

Dieses Heft gehört:		Klasse:	

Vierfeldertafeln und Wahrscheinlichkeiten

▶ Wissen

Sollen zwei in einer Datenmenge auftretende Eigenschaften untersucht werden, so kann man eine Vierfeldertafel verwenden. Den Eigenschaften können Wahrscheinlichkeiten zugeordnet werden.

Beispiel: Personen wurden gefragt, ob sie Geschwister haben. Zusätzlich wurde ihr Geschlecht notiert.

Vierfeldertafel mit absoluten Häufigkeiten

	Geschwister	keine Geschwister	insgesamt
weiblich	175	95	270
männlich			230
insgesamt	335	165	500

Vierfeldertafel mit relativen Häufigkeiten

	Geschwister	keine Geschwister	insgesamt
weiblich	35 %	19 %	54 %
männlich			46 %
insgesamt	67 %	33 %	100 %

Es wurden ______ Personen befragt. ______ weibliche Personen hatten keine Geschwister, das waren ______ %.

Eine zufällig ausgewählte Person hat mit einer Wahrscheinlichkeit von 32 % Geschwister und ist ______________

▶ **Auftrag:** Ergänze die Vierfeldertafeln und die Sätze.

Aufgaben

1 Ergänze die Vierfeldertafeln.

a) Trage die fehlenden absoluten Häufigkeiten ein.

	Mitglied im Verein	kein Mitglied	insgesamt
weiblich	71	69	
männlich	80	80	
insgesamt			

	Lehrlinge	keine Lehrlinge	insgesamt
unter 18 Jahren	57		137
ab 18 Jahren			
insgesamt	146		338

b) Trage die fehlenden relativen Häufigkeiten bzw. Wahrscheinlichkeiten ein.

	Sportler	kein Sportler	insgesamt
Linkshänder	5 %	9 %	
Rechtshänder	45 %	41 %	
insgesamt			

	Flugzeug	kein Flugzeug	insgesamt
weiblich			
männlich	18 %	44 %	62 %
insgesamt		77 %	

c) Die Tabellen gehören zu den gleichen Daten. Trage die fehlenden Häufigkeiten bzw. Wahrscheinlichkeiten ein.

	Flugzeug	Bahn	insgesamt
1. Wahl	88	20	
2. Wahl	74	18	
insgesamt			

	Flugzeug	Bahn	insgesamt
1. Wahl		10 %	54 %
2. Wahl			
insgesamt	81 %	19 %	

2 Im Rahmen eines Theaterprojektes mit Laiendarstellern wurden alle Teilnehmer gefragt, ob sie beim Aufbauen ober beim Imbiss mithelfen könnten.
Alle 120 Teilnehmer waren dazu bereit, die Hälfte beim Aufbauen und 30 % sogar bei beidem.

a) Ergänze zu passenden Vierfeldertafeln.

Vierfeldertafel mit absoluten Häufigkeiten

Vierfeldertafel mit relativen Häufigkeiten

b) Ein Teilnehmer wird zufällig ausgewählt. Gib, wenn möglich, jeweils die Wahrscheinlichkeit an.

① Der Teilnehmer hilft beim Aufbau. ______

② Der Teilnehmer hilft nicht beim Imbiss. ______

③ Der Teilnehmer hilft nicht beim Imbiss und auch nicht beim Aufbau. ______

④ Der Teilnehmer hilft beim Imbiss oder beim Aufbau. ______

⑤ Der Teilnehmer ist älter als 18 Jahre. ______

c) Eine der Schülerinnen oder einer der Schüler deiner Klasse wird zufällig ausgewählt.
Schätze, mit welcher Wahrscheinlichkeit diese Person eine Laiendarstellerin oder ein Laiendarsteller ist.
Begründe dein Ergebnis.

______

______

d) Schreibe jeweils an die Äste des Baumdiagramms passende absolute Häufigkeiten.
Hinweis: Nutze eine Tabelle von Teilaufgabe **a** und finde die Lösung durch Probieren.

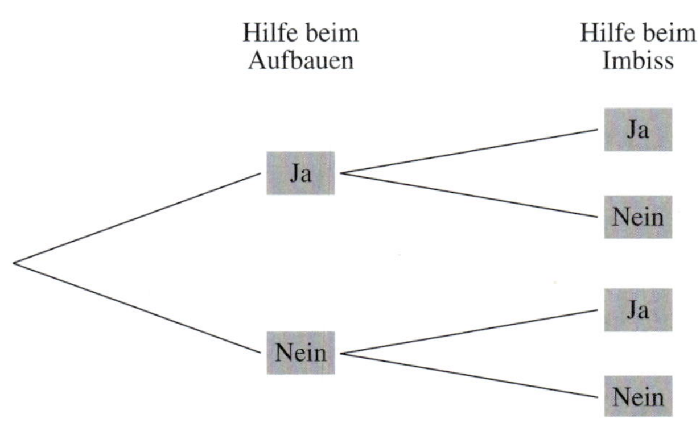

Vierfeldertafeln und Baumdiagramme

▶ **Wissen**

- Sollen zwei in einer Datenmenge auftretende Eigenschaften untersucht werden, so kann man eine Vierfeldertafel verwenden.
- Zu Vierfeldertafeln können Baumdiagramme aufgestellt werden.

Beispiel:
Vierfeldertafel mit relativen Häufigkeiten

	Möglichkeit **1**	Möglichkeit **2**	insgesamt
Möglichkeit **A**	a_1	a_2	a
Möglichkeit **B**	b_1	b_2	
insgesamt	c_1	c_2	

Baumdiagramm

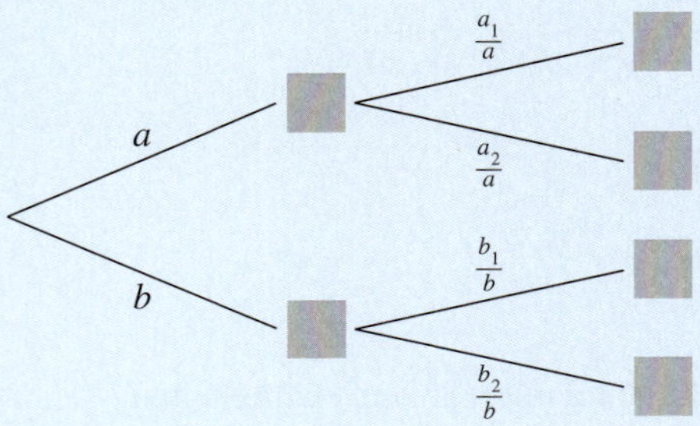

▶ **Auftrag:** Ergänze die Vierfeldertafel und das Baumdiagramm.

Aufgaben

1 Ergänze zu passenden Baumdiagrammen.
Hinweis: In den Baumdiagrammen stehen jeweils die fett hervorgehobenen Buchstaben.

a) Qualitätskontrolle bei Trekkingschuhen

	mit Mangel	**o**hne Mangel	insgesamt
linker Schuh	0,015	0,485	0,50
rechter Schuh	0,02	0,48	0,50
insgesamt	0,035	0,965	1

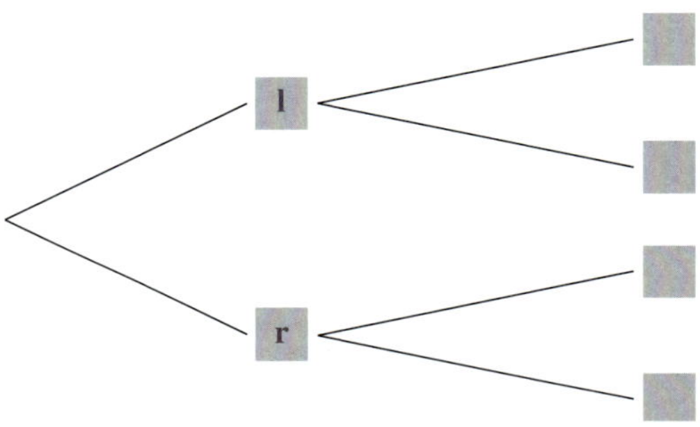

b) Vereinsmitglieder und Geschlecht

	Radfahrer	**k**ein Radfahrer	insgesamt
weiblich	16,1 %	18,9 %	35 %
männlich	26 %	39 %	65 %
insgesamt	42,1 %	57,9 %	100 %

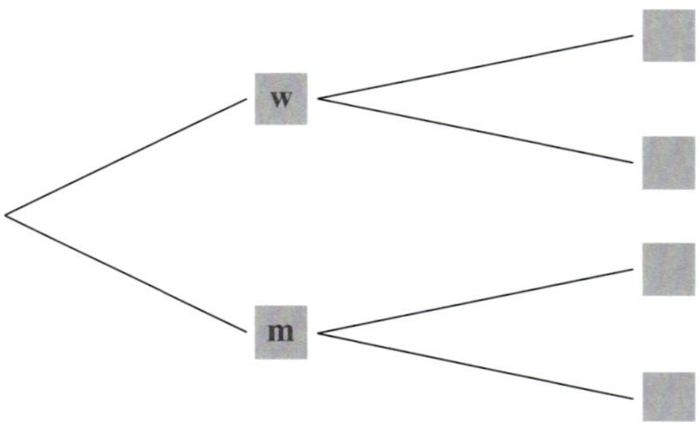

2 Die Tabelle und das Baumdiagramm gehören zu den gleichen Daten.
Trage die fehlenden Häufigkeiten bzw. Wahrscheinlichkeiten ein.

	Englisch	**F**ranzösisch	insgesamt
1. Fremdsprache		0,14	
2. Fremdsprache	0,18	0,12	
insgesamt			

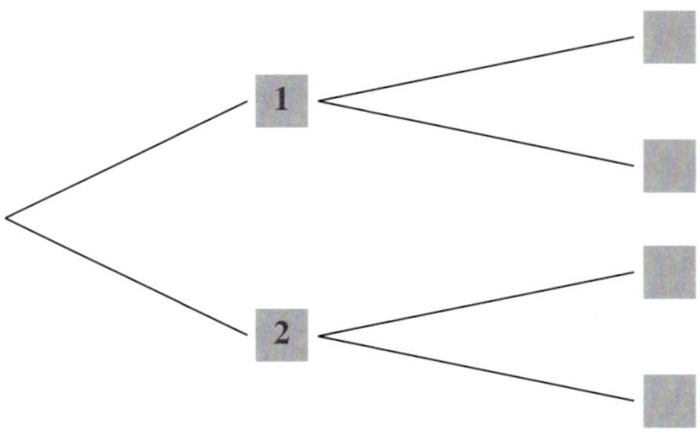

3 In der linken Kiste sind 7 grüne und 3 rote Äpfel.
In der rechten Kiste sind 8 grüne und 2 rote Äpfel.
Eine der Kisten wird zufällig ausgewählt und daraus wird ein Apfel ohne hinzusehen genommen.
Er ist grün.

a) Veranschauliche die Situation mit einer Vierfeldertafel.

b) Wie groß ist die Wahrscheinlichkeit zufällig aus der linken Kiste einen grünen Apfel zu ziehen?
Wie wahrscheinlich ist es, dass die rechte Kiste ausgewählt wurde?

c) Veranschauliche zuerst die Situation mit einem Baumdiagramm.
Berechne danach damit die Wahrscheinlichkeiten der Ereignisse E1 bis E3.
Schreibe die Rechnungen auf.
Zusatzaufgabe: Prüfe mithilfe der Vierfeldertafel bei Teilaufgabe **a**, ob deine Ergebnisse stimmen können.

E1: Die linke Kiste wurde zufällig ausgewählt und daraus wurde ohne hinzusehen ein grüner Apfel entnommen.

$P(\text{E1}) =$

E2: Die rechte Kiste wurde zufällig ausgewählt und daraus wurde ohne hinzusehen ein grüner Apfel entnommen.

$P(\text{E2}) =$

E3: Aus einer der Kisten wurde ein grüner Apfel entnommen.

$P(\text{E3}) =$

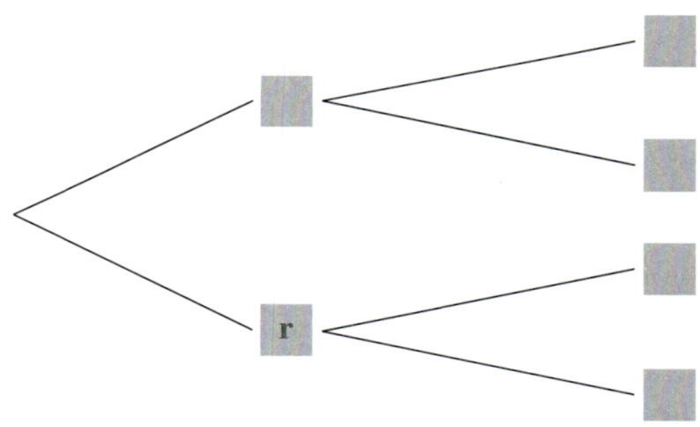

d) Die Wahrscheinlichkeit, zufällig aus der linken Kiste einen roten Apfel zu nehmen, beträgt $\frac{4}{9}$.
Die Gesamtzahl der Kisten ist gleich geblieben.
Ermittle, wie viele rote und grüne Äpfel in jeder der beiden Kisten sind.

e) Ermittle, wie viele Möglichkeiten es gibt, alle grünen und roten Äpfel auf beide Kisten zu verteilen.

Zehnerpotenzen

▶ Wissen

Sehr große bzw. sehr kleine Zahlen kann man mithilfe von Zehnerpotenzen darstellen.
Bei der wissenschaftlichen Schreibweise wird die Zahl als Produkt geschrieben,
bei dem der erste Faktor eine Zahl zwischen 1 und 10 und der zweite Faktor eine Zehnerpotenz ist.

Beispiele:

31 000 000 = 3,1 · 10 000 000 = ______ · ______   0,000 001 2 = ____________________

▶ Auftrag: Ergänze die Beispiele.

Aufgaben

1 Wandle in wissenschaftliche Schreibweise um.

a) 176 000 = ____________________   b) 28 540 000 = ____________________

c) 0,008 = ____________________   d) 0,000 023 = ____________________

2 Schreibe als Dezimalzahl.

a) $7{,}9 \cdot 10^5 =$ ____________________   b) $8{,}91 \cdot 10^5 =$ ____________________

c) $8 \cdot 10^{-6} =$ ____________________   d) $7{,}36 \cdot \frac{1}{1000} =$ ____________________

3 Ergänze die Tabelle zu den Vorsätzen und deren Bedeutung.
Zusatzaufgabe: Nenne jeweils ein Beispiel für eine Größenangabe mit dem Vorsatz.

Faktoren, mit denen die Einheit multipliziert wird		
Faktor	Bedeutung	Vorsatz
		Deka (da)
		Hekto (h)
		Kilo (k)
	Million	Mega (M)
	Milliarde	Giga (G)
$10^{12} = 1\,000\,000\,000\,000$		Tera (T)

Faktoren, mit denen die Einheit multipliziert wird		
Faktor	Bedeutung	Vorsatz
		Dezi (d)
		Zenti (c)
		Milli (m)
$10^{-6} = 0{,}000\,001$		Mikro (μ)
	Milliardstel	Nano (n)
	Billionstel	Piko (p)

4 Ordne die Taschenrechnerangaben nach der Größe.
Beginne mit der kleinsten Zahl.

8*10^–7 7.0^{-8} 8.0^{7} 7*10^8   7.8*10^7

____

5 Ordne jeweils mit Linien zu.

tausend Millionen	Quadrillion $(10^6)^4 = 10^{24}$
eine Million Billionen	Milliarde $10^3 \cdot 10^6 = 10^9$
die 4-te Potenz einer Million	Billion $10^6 \cdot 10^6 = 10^{12}$
tausend Trillionen	Trilliarde $10^3 \cdot 10^{18} = 10^{21}$
eine Million Millionen	Billiarde $10^3 \cdot 10^{12} = 10^{15}$
tausend Billionen	Quinquillion $(10^6)^5 = 10^{30}$
Anzahl von Zehntausend	Myriade 10^4
die 5-te Potenz einer Million	Trillion $10^6 \cdot 10^{12} = 10^{18}$

6 Eine Strecke ist ein Lichtjahr lang, wenn Licht zum Durchlaufen dieser Strecke ein Jahr benötigt. Die Lichtgeschwindigkeit beträgt $3 \cdot 10^5 \frac{\text{km}}{\text{s}}$.

a) Gib ein Lichtjahr in Kilometern an.

b) Die Erde ist durchschnittlich rund 150 Millionen Kilometer von der Sonne entfernt. Wie lange braucht Licht, um von der Sonne zur Erde zu kommen?

c) Zahlreiche Autos werden in einem Jahr 10 000 km gefahren. Wie lange braucht Licht für diese Strecke?

7 Um wie viel Zentimeter ist der aus Eisen erbaute Eiffelturm (300 m) an einem Sommertag bei 30 °C höher als im Winter bei −15 Grad °C, wenn sich ein 1 m langer Eisenstab pro Grad Erwärmung um $1{,}2 \cdot 10^{-5}$ m ausdehnt?

8 Zusatzaufgabe: Finde heraus, bei welchen Aufgaben dein Taschenrechner das Ergebnis automatisch mit abgetrennten Zehnerpotenzen angibt.

Rechnen mit Potenzen

▶ Wissen

- Für alle reellen Zahlen a mit natürlichen Zahlen $n \geq 1$ gilt: $a^n = \underbrace{a \cdot a \cdot \ldots \cdot a}_{n \text{ Faktoren}}$.
- Für alle reellen Zahlen a und b mit Ausnahme von $a = 0$ und $b = 0$ und alle ganzzahligen Exponenten m und n gelten folgende Potenzgesetze.

	Beispiele:
$a^{-n} = \frac{1}{a^n}$ $(a \neq 0)$	$7^{-5} =$ ______
$a^0 = 1$ $(a \neq 0)$	$7^0 =$ ______
$a^m \cdot a^n = a^{m+n}$	$7^5 \cdot 7^3 =$ ______
$\frac{a^m}{a^n} = a^{m-n}$ $(a \neq 0)$	$\frac{7^5}{7^3} =$ ______
$a^n \cdot b^n = (a \cdot b)^n$	$7^5 \cdot 4^5 =$ ______
$\frac{a^n}{b^n} = \left(\frac{a}{b}\right)^n$ $(b \neq 0)$	$\frac{7^5}{4^5} =$ ______
$(a^m)^n = a^{m \cdot n}$	$(7^5)^3 =$ ______

▶ Auftrag: Ergänze die Beispiele.

Aufgaben

1 Ergänze die Zahlen. Nutze keinen Taschenrechner.

n	0	1	2	3	4	5
10^n						100 000
10^{-n}						$\frac{1}{100\,000} = 0{,}00001$
5^n						3 125
2^{-n}						$\frac{1}{32} = 0{,}03125$

2 Vergleiche. Nutze keinen Taschenrechner.

a) 7^3 ☐ 7^4　b) $7 + 7 + 7 + 7$ ☐ 7^4　c) $7 \cdot 7 \cdot 7 \cdot 7 \cdot 7$ ☐ 7^5　d) 4^7 ☐ 3^7

e) 7^{-3} ☐ 7^4　f) $\left(\frac{1}{7}\right)^4$ ☐ 7^{-4}　g) $(-7)^5$ ☐ 7^5　h) $(-7)^5$ ☐ 7^{-5}

i) $(-7)^8$ ☐ 7^{-8}　j) -7^8 ☐ 7^{-8}　k) $\left(\frac{1}{7}\right)^5$ ☐ 7^{-5}　l) $\left(-\frac{1}{7}\right)^5$ ☐ 7^{-5}

3 Fasse zu möglichst wenigen Potenzen zusammen. Nutze keinen Taschenrechner.

a) $7^3 \cdot 7^4 =$ ______　b) $7^3 \cdot 7^4 \cdot 7^4 =$ ______　c) $7^{-8} \cdot 7^{-5} =$ ______

d) $7^{-8} \cdot 7^5 \cdot 7 \cdot 7^{-5} =$ ______　e) $7^{32} : 7^4 =$ ______　f) $7^3 : 7^{10} =$ ______

g) $7^{-8} : 7^{-9} =$ ______　h) $7^{-8} : 7^5 =$ ______　i) $7^{32} : (-7)^8 + 7^{-8} =$ ______

j) $-7^8 - 7^{-8} \cdot 7^4 =$ ______　k) $\left(\frac{1}{7}\right)^5 - 7^{-5} =$ ______　l) $\left(-\frac{1}{7}\right)^5 + 7^5 : 7^{-5} =$ ______

m) $10^4 : 5^4 =$ ______　n) $0{,}5^6 \cdot 8^6 =$ ______　o) $3^{-8} \cdot 2^{-8} =$ ______

p) $4^7 \cdot 7^3 \cdot 7^4 =$ ______　q) $(7^3 : 7^6) \cdot 9^{-3} =$ ______　r) $(7^{-8})^3 \cdot 7^5 =$ ______

4 Ermittle die Ergebnisse in Form eines (gekürzten) Bruchs oder einer Dezimalzahl.
Nutze keinen Taschenrechner.

a) $(-4)^{-6} \cdot (-4)^3 \cdot (-4)^5 =$ ______

b) $\sqrt[3]{25} \cdot \sqrt[3]{5} =$ ______

c) $-0{,}6^{-3} =$ ______

d) $-0{,}5^{-4} \cdot 0{,}5^4 =$ ______

e) $\left[\left(-\frac{4}{5}\right)^{-1}\right]^{-3} =$ ______

f) $\left[\left(\frac{2}{3}\right)^{-2}\right]^{-3} : \left[\left(\frac{3}{2}\right)^{-2}\right]^{-3} =$ ______

5 Finde mithilfe der Potenzgesetze zehn Aufgaben, deren Ergebnis 256 ist und in denen nur 2 als Basis vorkommt.
Hinweis: Überprüfe deine Lösungen mit dem Taschenrechner.

$2^4 \cdot 2^4 = 2^8 = 256$

6 Vergleich von $9^{(9^9)}$ und $(9^9)^9$

a) Vergleiche die Werte von $9^{(9^9)}$ und $(9^9)^9$.

b) Aus wie vielen Ziffern besteht die $9^{(9^9)}$ entsprechende Dezimalzahl ungefähr?
Kreuze entsprechend an.

☐ 369 Ziffern ☐ 33 100 Ziffern ☐ 3 969 100 Ziffern ☐ 369 693 100 Ziffern

c) Schätze, wie viele DIN-A4-Seiten man zum Ausdrucken der dem Term $9^{(9^9)}$ entsprechenden Dezimalzahl brauchen würde. Wie breit müsste demnach eine 1 m hohe Tafel sein, um alle diese Seiten anheften zu können?
Hinweis: Überschlage zunächst, wie viele Ziffern auf eine Seite passen.

7 Jemand „beweist" auf folgende Art, dass 5 = 11 gilt.
Wo steckt der Fehler? Begründe deine Antwort.

$$\left(\frac{5}{11}\right)^x = \left(\frac{11}{5}\right)^7$$

$$\frac{5^x}{11^x} = \frac{11^7}{5^7}$$

$$5^x \cdot 5^7 = 11^7 \cdot 11^x$$

$$5^{x+7} = 11^{x+7}$$

$$5 = 11$$

Rechnen mit Wurzeln

▶ Wissen

- $\sqrt[n]{a}$ ist diejenige nichtnegative Zahl b, für die gilt $b^n = a$ mit $a > 0$, $b > 0$ und $n \geq 2$.
- Für alle reellen Zahlen a und b und alle natürlichen Zahlen m und n mit $m \neq 0$ und $n \neq 0$ gelten folgende Wurzelgesetze.

	Beispiele:
$\sqrt[n]{a} \cdot \sqrt[n]{b} = \sqrt[n]{a \cdot b}$	$\sqrt[3]{5} \cdot \sqrt[3]{25} =$ ______
$\frac{\sqrt[n]{a}}{\sqrt[n]{b}} = \sqrt[n]{\frac{a}{b}}$	$\frac{\sqrt[3]{500}}{\sqrt[3]{4}} =$ ______
$\sqrt[m]{\sqrt[n]{a}} = \sqrt[m \cdot n]{a} = \sqrt[n]{\sqrt[m]{a}}$	$\sqrt[2]{\sqrt[3]{64}} =$ ______
$(\sqrt[n]{a})^m = \sqrt[n]{a^m}$	$\sqrt[2]{25^3} =$ ______

▶ Auftrag: Ergänze die Beispiele.

Aufgaben

1 Markiere gleichwertige Terme mit der gleichen Farbe.

$5^{\frac{1}{2}}$	$\sqrt{5^2}$	$\sqrt[2]{25}$	5	$25^{\frac{3}{2}}$	$(\sqrt{25})^3$	$\sqrt{5}$	$\sqrt[2]{25^3}$	$25^{\frac{1}{2}}$	125

2 Berechne jeweils den Wert des Terms. Nutze keinen Taschenrechner.
Hinweis: Kontrolliere deine Ergebnisse mit dem Taschenrechner.

a) $\sqrt[2]{2} \cdot \sqrt[2]{50} =$ ______

b) $\sqrt[3]{2} \cdot \sqrt[3]{4} =$ ______

c) $\sqrt[4]{3} \cdot \sqrt[4]{27} =$ ______

d) $\sqrt[4]{4} \cdot \sqrt[4]{64} =$ ______

e) $\sqrt{36 \cdot 4} =$ ______

f) $\sqrt[3]{27 \cdot 8} =$ ______

g) $\sqrt[4]{81 \cdot 81} =$ ______

h) $\sqrt[3]{27 \cdot 8 \cdot 64} =$ ______

i) $\sqrt[2]{200} : \sqrt[2]{2} =$ ______

j) $\frac{\sqrt{128}}{\sqrt{0{,}5}} =$ ______

k) $\sqrt[3]{10\,000} \cdot \sqrt[3]{\frac{1}{10}} =$ ______

l) $\sqrt{28}/\sqrt{7} =$ ______

m) $\sqrt[2]{\sqrt[3]{1\,000\,000}} =$ ______

n) $\sqrt[2]{\sqrt[3]{64}} =$ ______

3 Vereinfache die Terme.

a) $\sqrt[7]{a} \cdot \sqrt[7]{b} =$ ______

b) $\sqrt[3]{5a} \cdot \sqrt[3]{25b} =$ ______

c) $\sqrt[4]{16a} \cdot \sqrt[4]{16b} =$ ______

d) $\sqrt[5]{5a^3} \cdot \sqrt[5]{2a^2} =$ ______

e) $\sqrt[3]{a^5} \cdot \sqrt[3]{a} =$ ______

f) $\sqrt[3]{9a^2b} \cdot \sqrt[3]{3ab^2} =$ ______

g) $\sqrt[7]{a} : \sqrt[7]{b} =$ ______

h) $\sqrt[3]{270a} : \sqrt[3]{10a^2} =$ ______

i) $\sqrt[3]{80a^5} : \sqrt[3]{10a^2} =$ ______

j) $\sqrt[4]{\frac{a^6 \cdot a^3}{10a^2}} =$ ______

k) $\sqrt[6]{\sqrt[5]{a^6}} =$ ______

l) $\frac{\sqrt[4]{5ab^3} \cdot \sqrt[3]{b^5}}{\sqrt[3]{a^5}} =$ ______

m) $\sqrt[3]{\frac{a^{12} \cdot b^6}{(ab)^3}} =$ ______

n) $\sqrt[3]{\frac{a^{12} \cdot b^6}{(ab)^6}} =$ ______

4 Gib die Lösungen an.

a) $\sqrt[3]{x} = 3$ b) $\sqrt[3]{x} = 10$ c) $\sqrt[5]{x} = 2$ d) $\sqrt[4]{x} = 10$

e) $\sqrt[2]{x} + 3 = 4$ f) $\sqrt[3]{x} + 3 = 5$ g) $\sqrt[5]{x} - 2 = 8$ h) $\sqrt[5]{x} = x$

5 Löse die Zahlenrätsel.

a) Wenn man zu einer einstelligen Zahl zuerst 13 addiert und danach aus dem Ergebnis die Quadratwurzel zieht, erhält man den Nachfolger der Zahl.

b) Die vierte Wurzel aus 81 ist genauso groß wie sechs minus die Quadratwurzel von x.

6 Löse die Wurzelgleichungen mithilfe der Vorgaben.

a) $\sqrt{x^2 + 12} - 2 = x$

0. Definitionsbereich ermitteln.

$x^2 + 12 \geq 0$ | -12

$x^2 \geq -12$ $D = \mathbb{R}$

1. Wurzelterm isolieren.

$\sqrt{x^2 + 12} - 2 = x$ | $+2$

___ = ___ | „$(\ldots)^2$“

2. Potenzieren und Gleichung lösen.

$x^2 + 12 =$ ___ | $-x^2 - 4$

___ = ___ | ___

___ = ___

3. Probe durchführen.

$\sqrt{\square^2 + 12} - 2 =$ ___

___ = ___

___ = ___ ist eine wahre Aussage.

$L = \{$ ___ $\}$

b) $\sqrt{x^2 - 10} + x = 1$

0. Definitionsbereich ermitteln.

___ ≥ 0 | $+10$

___ $D = \mathbb{R}$

1. Wurzelterm isolieren.

$\sqrt{x^2 - 10} + x = 1$ | ___

___ = ___ | ___

2. Potenzieren und Gleichung lösen.

___ = ___ | ___

___ = ___ | ___

___ = ___

3. Probe durchführen.

___

___

___ ist eine falsche Aussage.

$L = \{$ ___ $\}$

Lineares Wachstum

▶ Wissen

Lineares Wachstum liegt vor, wenn in gleich langen Zeitspannen die Zu- oder Abnahme den gleichen Wert hat.

Es gilt: $B(n) = B(n-1) + C$ (rekursive Form)
$B(n) = B(0) + n \cdot C$ (explizite Form)

$B(n)$: Bestand zum Zeitpunkt n
C: Zu- oder Abnahme (Steigung)
n: Anzahl der gleichen Zeitspannen

Beispiel: In einem Schrank sind 4 Tafeln Schokolade.
Jeden Tag wird eine halbe Tafel davon weggenommen.

$B(n) = 4 - 0{,}5 \cdot n$

Tage (n)	1	2	3	4	5	6	7	8
Tafeln $B(n)$								

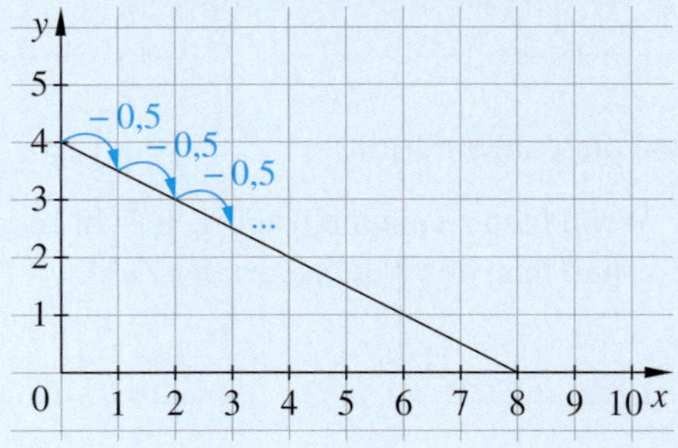

▶ **Auftrag:** Ergänze die Tabelle.

Aufgaben

1 Lineares Wachstum

①

Zeit in min	0	1	2	3
fertige Teile	1	3		7

②

Zeit in h	2	4	6	10
Abstand in km	1	1,5		3

③

Zeit in Wochen	0	1	2	3
Tüten Futter	7	5,5	4	

④

Zeit in Monaten	2	3	4	5
Betrag in €		2,4	2,2	2

a) Ermittle jeweils den fehlenden Wert.

b) Stelle die Daten grafisch dar.

c) Markiere positives und negatives Wachstum mit unterschiedlichen Farben.

☐ positives lineares Wachstum ($C > 0$)

☐ negatives lineares Wachstum ($C < 0$)

d) Ordne die Gleichungen den Tabellen zu und gib die Zu- oder Abnahme in je einer Zeitspanne an.

$B(n) = 7 - 1{,}5 \cdot n$ _____ __________

$B(n) = 0{,}5 + 0{,}25 \cdot n$ _____ __________

$B(n) = 1 + 2 \cdot n$ _____ __________

$B(n) = 3 - 0{,}2 \cdot n$ _____ __________

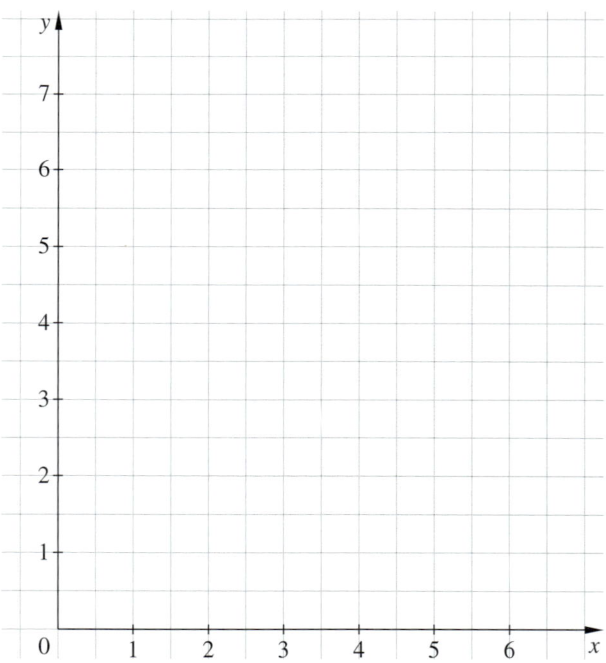

2 Wahr oder falsch?

① Lineares Wachstum kann mit einer linearen Funktion $y = mx + b$ beschrieben werden. ☐ wahr ☐ falsch

② Bei linearem Wachstum werden die Werte der Funktion immer größer. ☐ wahr ☐ falsch

③ Bei linearem Wachstum geht die passende Gerade durch den Punkt $P(0\,|\,0)$. ☐ wahr ☐ falsch

3 Lineares Wachstum in unterschiedlichen Darstellungsformen

a) Kreuze jeweils die passenden Formeln an und berechne die fehlenden Werte.

①

n	0	1	2	3	4	5
$B(n)$	1	3	5		9	

☐ $B(n) = B(0) + 2$ ☐ $B(n) = B(n-1) + 2$
☐ $B(n) = B(0) + 2n$ ☐ $B(n) = B(n-1) - 2$

②

n	0	1	2	3	4	5
$B(n)$	10	9,5	9		8	

☐ $B(n) = B(0) - 0{,}5$ ☐ $B(n) = B(n+1) - 5$
☐ $B(n) = B(0) - 0{,}5n$ ☐ $B(n) = B(n-1) - 0{,}5$

③

n	0	1	2	3	4	5
$B(n)$		8		14		20

☐ $B(n) = B(0) + 8$ ☐ $B(n) = B(n-1) + 8$
☐ $B(n) = B(0) + 3n$ ☐ $B(n) = B(n-1) + 3$

④

n	0	10	20	30	40	50
$B(n)$	2,2	7,2				

☐ $B(n) = B(0) + 5n$ ☐ $B(n) = B(n-1) + 5$
☐ $B(n) = B(0) + 0{,}5n$ ☐ $B(n) = B(n-1) + 0{,}5$

b) Gib das lineare Wachstum in beiden Formen an.

③

n	0	1	2	3	4	5
$B(n)$	10	12	14	16	18	20

explizite Form: $B(n) = B(0)$ ______

rekursive Form: $B(n) = B(n-1)$ ______

④

n	0	1	2	3	4	5
$B(n)$	0	11	22	33	44	55

explizite Form: ______

rekursive Form: ______

c) Schreibe jeweils eine passende Formel in der rekursiven und in der expliziten Form auf.

① Ein Haar wächst etwa 10 mm pro Monat.

______ ______

② Pro Stunde werde etwa 20 Brote verkauft.

______ ______

4 Konzentration von Kohlendioxid in der Atmosphäre
Hinweis: „ppm“ steht für „Teile von einer Million“ („parts per million“).

a) Ermittle die jährliche Zunahme der Konzentration von Kohlendioxid in der Atmosphäre.

______

______

b) Beschreibe den jährlichen prozentualen Zuwachs der Konzentration von Kohlendioxid in der Atmosphäre.

______

______

______

______

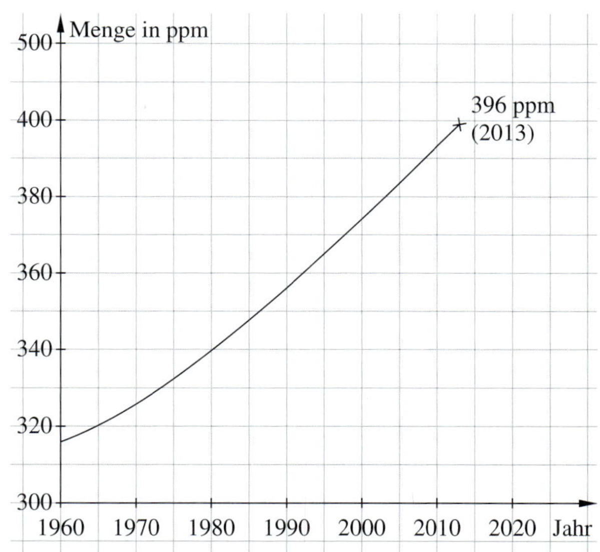

c) Gib die Konzentration von Kohlendioxid in der Atmosphäre im Jahr 2030 an, falls sich die abgebildete Entwicklung derartig fortsetzt.

______

______

Exponentielles Wachstum

▶ Wissen

Exponentielles Wachstum liegt vor, wenn in gleich langen Zeitspannen die Zu- oder Abnahme den gleichen Faktor hat. Es gilt: $B(n) = b \cdot B(n-1)$ (rekursive Form)
$B(n) = B(0) \cdot b^n$ (explizite Form)

$B(n)$: Bestand zum Zeitpunkt n
b: Wachstumsfaktor
n: Anzahl der gleichen Zeitspannen

Beispiel: In einem Schrank sind 4 Tafeln Schokolade.
Jeden Tag wird die Hälfte davon weggenommen.

$B(n) = 4 \cdot 0{,}5^n$

Tage (n)	0	1	2	3	4	5
Tafeln $B(n)$						

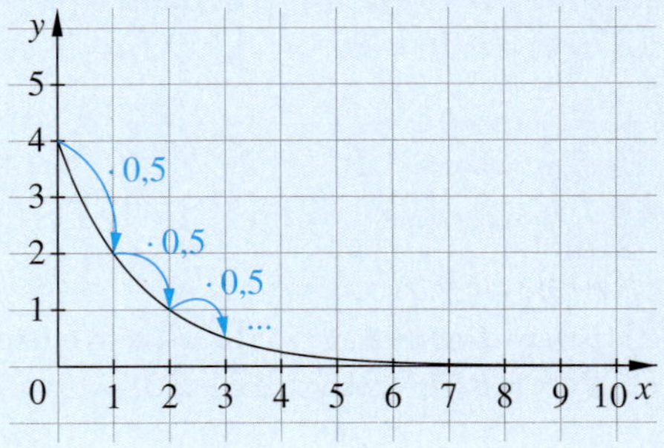

▶ Auftrag: Ergänze die Tabelle.

Aufgaben

1 Exponentielles Wachstum mit $B(n) = B(0) \cdot b^n$

①

n	0	1	2	3	4
$B(n)$	0,5	1	2		8

②

n	0	1	2	3	4
$B(n)$	5	1		0,04	0,008

③

n	0	1	2	3	4
$B(n)$		2,4	2,88	3,456	4,1472

④

n	0	1	2	3	4
$B(n)$	2	1	0,5	0,25	

a) Ermittle jeweils den fehlenden Wert und trage die Punkte im Koordinatensystem ein.

b) Ordne die Gleichungen den Tabellen zu und gib die Zu- oder Abnahme in je einer Zeitspanne an.

$B(n) = 0{,}5 \cdot 2^n$ ______ $b =$ ______

$B(n) = 2 \cdot 0{,}5^n$ ______ $b =$ ______

$B(n) = 5 \cdot 0{,}2^n$ ______ $b =$ ______

$B(n) = 2 \cdot 1{,}2^n$ ______ $b =$ ______

c) Markiere positives und negatives Wachstum mit unterschiedlichen Farben.

☐ positives exponentielles Wachstum ($b > 0$)

☐ negatives exponentielles Wachstum ($b < 0$)

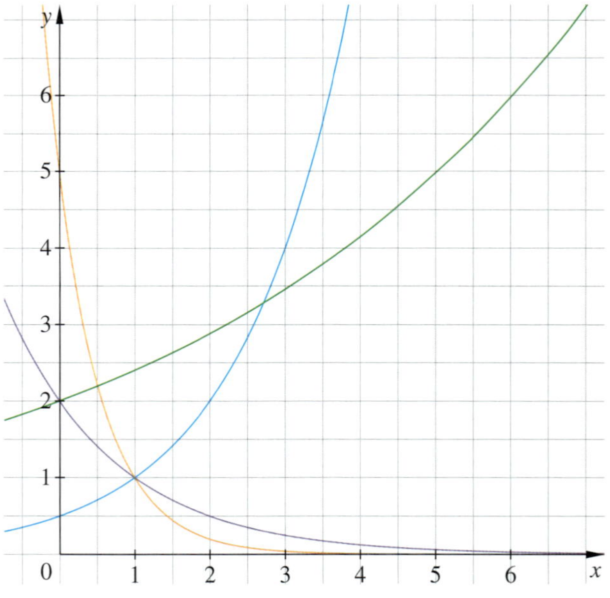

2 Wahr oder falsch?

① Exponentielles Wachstum kann mit einer Gleichung der Form $y = mx$ beschrieben werden. ☐ wahr ☐ falsch
② Exponentielles Wachstum kann mit einer Gleichung der Form $y = x^m$ beschrieben werden. ☐ wahr ☐ falsch
③ Bei exponentiellem Wachstum werden die Werte der Funktion immer größer. ☐ wahr ☐ falsch
④ Zu exponentiellem Wachstum passt keine Gerade. ☐ wahr ☐ falsch

3 Geldanlagen über 2 000 € mit Zinseszins und vollständiger Auszahlung nach 8 Jahren

Zinssatz p. a.	Kapital am Ende des 1. Jahres	Kapital am Ende des 2. Jahres	Kapital am Ende des 4. Jahres	Kapital am Ende des 6. Jahres	Kapital am Ende des 8. Jahres
5 %					
10 %					
15 %					

a) Ergänze die Tabelle mithilfe des Taschenrechners oder einer Tabellenkalkulation.

b) Schreibe jeweils eine passende Formel in der rekursiven und in der expliziten Form auf.

① $p = 5\,\%$ rekursive Form: ____________ explizite Form: ____________

② $p = 10\,\%$ ____________ ____________

③ $p = 15\,\%$ ____________ ____________

c) Veranschauliche die Entwicklung des Kapitals. Ermittle, in welchem Jahr erstmals das Kapital größer als 8 000 € wäre. Gib das Kapital am Ende des Jahres zuvor und in dem Jahr an.

① $p = 5\,\%$ ____________

____

② $p = 10\,\%$ ____________

____

③ $p = 15\,\%$ ____________

____

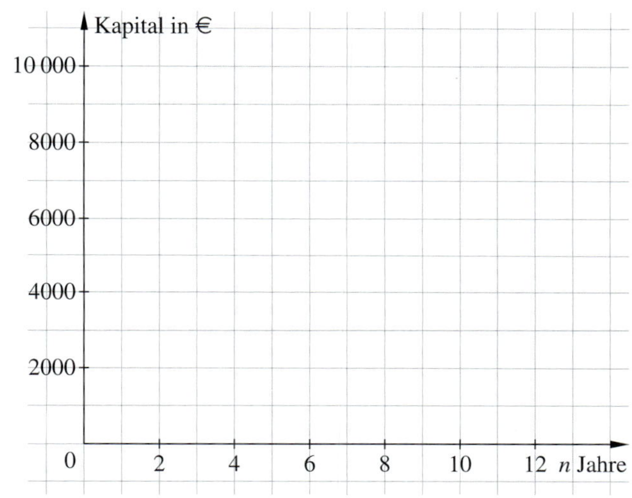

4

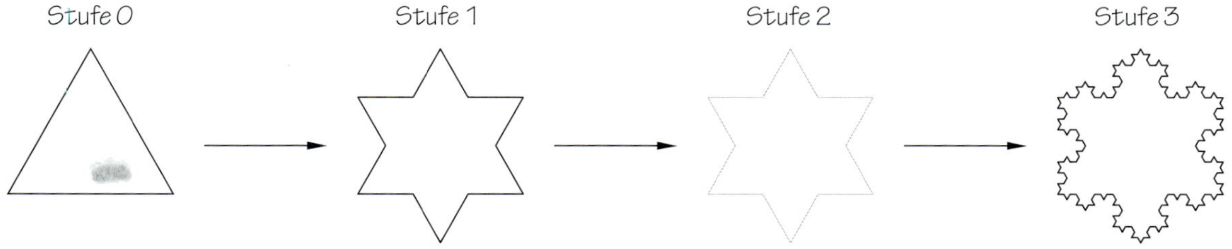

Drittele die Länge der Seite eines gleichseitigen Dreiecks der letzten Stufe. Setze über den mittleren Stücken damit gleichseitige Dreiecke auf.

a) Zeichne die Figur zur Stufe 2 und ergänze die Tabelle.

	Stufe 0	Stufe 1	Stufe 2	Stufe 3
Anzahl der Strecken	3			
Länge einer Strecke	1			
Umfang der Figur	3			

b) Gib eine Formel zur Berechnung des Umfangs u in der n-ten Stufe an. ____________

Zinseszins

▶ **Wissen**

- Werden Zinsen am Jahresende zum jeweiligen Kapital hinzugefügt und im folgenden Jahr mit verzinst, so spricht man vom Zinseszins.
- Es gilt: $K_n = K_0 \cdot \left(1 + \frac{p}{100}\right)^n$

  ________ steht für das Kapital nach n Jahren bei Verzinsung mit Zinseszins.

  ________ steht für das Kapital am Anfang (Grundkapital).

  ________ steht für den Zinssatz pro Jahr.

  ________ steht für die Anzahl der Jahre (Laufzeit).

  $\left(1 + \frac{p}{100}\right)$ ist der Wachstumsfaktor.

Beispiel: 5 000 € werden jährlich mit einem Zinssatz von 3 % verzinst. Berechne das Kapital nach 7 Jahren.

$K_7 =$ ________________________________

▶ **Auftrag:** Ergänze die Variablen und das Beispiel.

Aufgaben

1 Berechne das Kapital bei Verzinsung mit Zinseszins.

Grundkapital	6 000,00 €	6 000,00 €	3 000,00 €	3 000,00 €	2 000,00 €	2 500,00 €
Zinssatz pro Jahr	3 %	3 %	3 %	6 %	6 %	3,5 %
Laufzeit in Jahren	5	10	7	4	7	8
Kapital nach n Jahren mit Zinseszins						

2 Jahrweise Berechnung von Kapital bei Verzinsung mit Zinseszins ohne die Formel $K_n = K_0 \cdot \left(1 + \frac{p}{100}\right)^n$

a) Ergänze zu zur Verzinsung mit Zinseszins passende Gleichungen.

$K_1 = K_0 \cdot \left(1 + \frac{p}{100}\right)$ $= K_1 \cdot \left(1 + \frac{p}{100}\right)^1$

$K_2 = K_1 \cdot \left(1 + \frac{p}{100}\right) \cdot$ ________________________________ $= K_2 \cdot \left(1 + \frac{p}{100}\right)^2$

$K_3 = K_2 \cdot \left(1 + \frac{p}{100}\right) \cdot$ ________________________________ $= K_3 \cdot \left(1 + \frac{p}{100}\right)^3$

$K_4 = K_3 \cdot \left(1 + \frac{p}{100}\right) \cdot$ ________________________________ $= K_4 \cdot \left(1 + \frac{p}{100}\right)^4$

b) 3 000 € werden mit einem jährlichen Zinssatz von 5 % verzinst.
Ergänze analog zu Teilaufgabe **a** die Berechnung des Kapitals. Rechne mit dem jeweils letzten Ergebnis weiter.

Laufzeit in Jahren	1	2	3	4	5	6
Kapital mit Zinseszins						

c) 3 Jahre und 3 Monate werden 3 000 € mit einem jährlichen Zinssatz von 5 % verzinst.
Berechne das Kapital am Ende der Laufzeit.

____

____

3 Gedankenexperiment: Stell dir vor 50 000 € werden mit Zinseszins zu einem Zinssatz von 10 % p. a. geliehen. Ermittle durch Probieren, nach wie vielen Jahren sich die Schulden verdoppelt haben, wenn nichts zurückgezahlt wird.
Begründe deine Antwort mithilfe von Rechnungen.
Zusatzaufgabe: Ermittle die Lösung mit einem geeigneten Hilfsmittel auf Monate genau.

4 Geldanlagen über 5 000 € mit Zinseszins und Auszahlung am Ende der Laufzeit

a) Ergänze die Tabelle mithilfe des Taschenrechners oder einer Tabellenkalkulation.

Zinssatz p. a.	Kapital am Ende des 3. Jahres	Kapital am Ende des 6. Jahres	Kapital am Ende des 9. Jahres	Kapital am Ende des 12. Jahres	Kapital am Ende des 15. Jahres
5 %					
10 %					
15 %					

b) Veranschauliche die Entwicklung des Kapitals bei Zinssätzen von 5 %, 10 % und 15 % p. a. im Koordinatensystem.

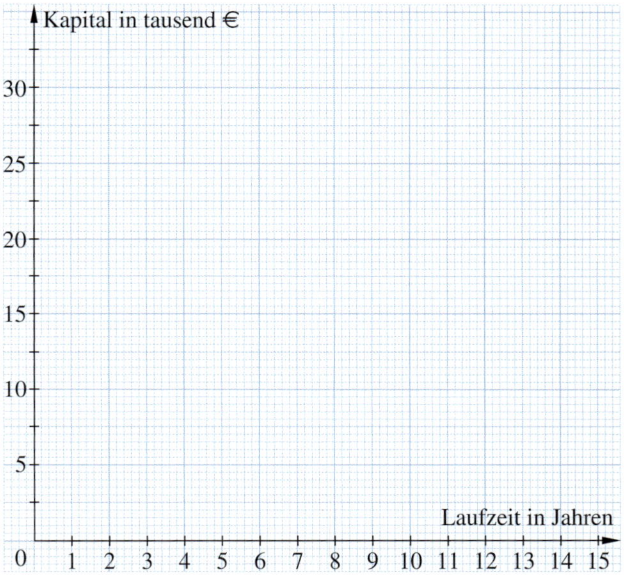

c) Ermittle, in welchem Jahr erstmals das Kapital größer als 10 000 € wäre. Gib das Kapital am Ende des Jahres zuvor und in dem Jahr an.

① $p\% = 3\%$

② $p\% = 6\%$

③ $p\% = 9\%$

d) Forme die Gleichung $K_n = K_0 \cdot \left(1 + \frac{p}{100}\right)^n$ nach p um.

e) Ermittle die passenden Zinssätze bei Verzinsung mit Zinseszins.
Zusatzaufgabe: Untersuche, ob Proportionalität vorliegt.

Grundkapital	5 000,00 €	5 000,00 €	3 000,00 €	3 000,00 €	2 000,00 €
Zinssatz pro Jahr					
Laufzeit in Jahren	3	6	9	12	15
Kapital nach n Jahren	10 000,00 €	10 000,00 €	10 000,00 €	10 000,00 €	10 000,00 €

Exponentialfunktionen

▶ Wissen

Funktionen mit einer Gleichung der Form
$f(x) = a \cdot b^x + c$ (mit $b > 0, b \neq 1, a \neq 0$)
nennt man Exponentialfunktionen.

Beispiele: $f(x) = \frac{1}{2} \cdot 2^x$

$g(x) = 2 \cdot \left(\frac{1}{2}\right)^x$

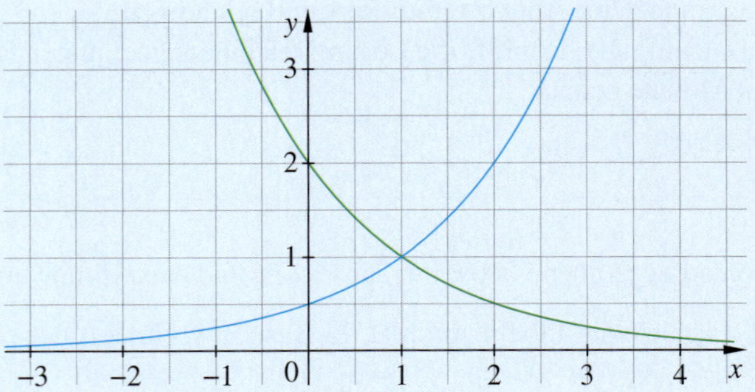

▶ Auftrag: Ordne jedem Graphen die passende Funktionsgleichung zu.

Aufgaben

1 Wertetabellen und Graphen zu Funktionen

☐ $f(x) = \left(\frac{1}{2}\right)^x$

x	−3	−1	0	1	3
y					

☐ $g(x) = 2^x$

x	−3	−1	0	1	3
y					

☐ $h(x) = \frac{1}{4} \cdot 3^x + 4$

x	−3	−1	0	1	3
y					

☐ $i(x) = 3 \cdot \left(\frac{1}{4}\right)^x$

x	−3	−1	0	1	3
y					

☐ $j(x) = \frac{1}{2}x^2$

x	−3	−1	0	1	3
y					

☐ $k(x) = \frac{1}{2}x$

x	−3	−1	0	1	3
y					

a) Ergänze jeweils die y-Werte.

b) Trage die zugehörigen Punkte im Koordinatensystem ein und beschrifte die Graphen.

c) Kreuze die Exponentialfunktionen an.
Zusatzaufgabe: Gib die Art der anderen Funktionen an.

d) Kreuze die wahren Aussagen an.

☐ Alle dargestellten Exponentialfunktionen haben eine Asymptote.
☐ Die Punkte einer der dargestellten Exponentialfunktionen liegen auf einer Geraden.
☐ Die Punkte einer der dargestellten Exponentialfunktionen liegen auf einer Parabel.
☐ Die Punkte aller dargestellten Exponentialfunktionen nähern sich der x-Achse an.

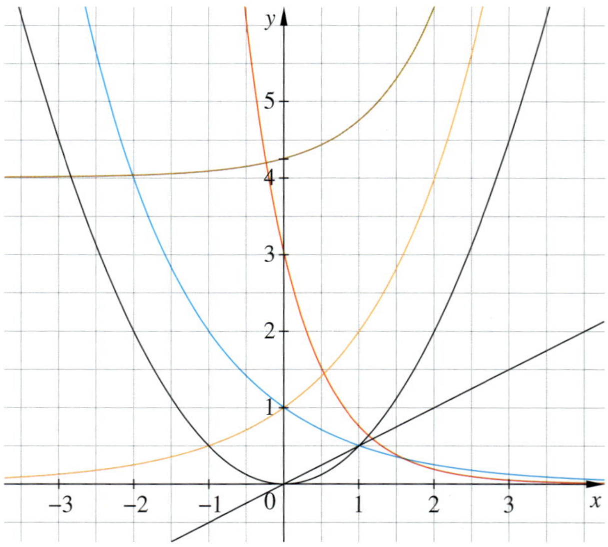

2 Kreuze alle Gleichungen von Exponentialfunktionen an.

☐ $f(x) = 0{,}3x + 3$ ☐ $g(x) = 0{,}3x^3$ ☐ $h(x) = 0{,}3 \cdot 3^x$ ☐ $i(x) = 0{,}3^x + 3$

3 Salmonellen sind stäbchenförmige Bakterien, die bei Menschen und Tieren Krankheiten verursachen.
Sie kommen unter anderem bei Eiern und in Geflügelfleisch vor.
Bei sommerlichen Temperaturen verdoppelt sich die Anzahl der Salmonellen etwa alle 20 Minuten.
Eine Speiseprobe enthielt zu Beginn der Untersuchung rund 160 Bakterien.

Zeit in min									
Generation vor und nach der Untersuchung	−4	−3	−2	−1	0	+1	+2	+3	+4
Anzahl der Salmonellen					160				

a) Ergänze die Tabelle und veranschauliche die Werte im Koordinatensystem.

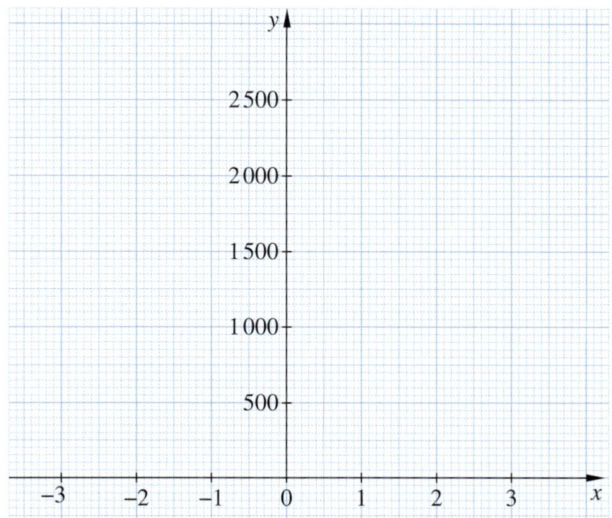

b) Stelle eine passende Funktionsgleichung auf.
Gib danach die praktische Bedeutung der Variablen an.

$y =$ ______________

x steht für ______________________________

y steht für ______________________________

c) Ermittle, vor wie vielen Stunden die ersten beiden Salmonellen in die Speiseprobe gekommen sein könnten.

____

d) Angenommen, es liegt lineares Wachstum vor, bei dem pro Generation 160 Bakterien hinzukommen.
Zeichne den passenden Graphen in das Koordinatensystem ein.
Gib die zugehörige Funktionsgleichung an. $y =$ ______________

4 Im Winter wird eine Thermoskanne mit 80 °C heißem Tee versehentlich draußen stehen gelassen.
Stündlich nimmt die Temperatur des Tees in der Kanne um etwa 10 % ab.

a) Schreibe eine passende Funktionsgleichung auf.

____

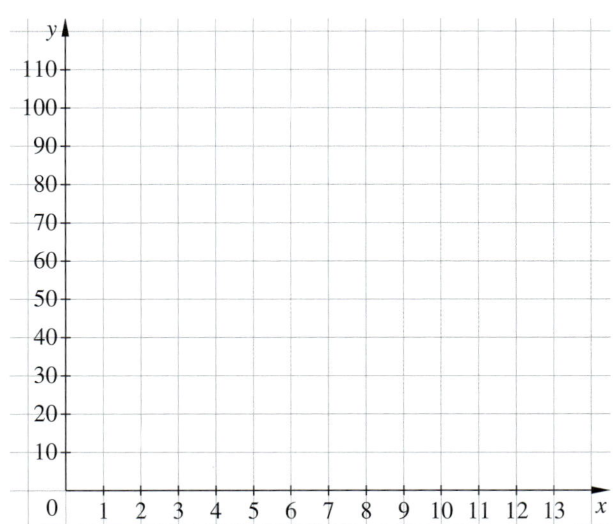

b) Erstelle eine Wertetabelle und skizziere dazu den Graphen.

x					
y					

c) Finde heraus, nach wie vielen Stunden der Tee eine Temperatur von unter 10 °C hat.

____

5 Gib eine zu $f(x) = x^n - c$ passende Situation an.
Zusatzaufgabe: Beschreibe kurz wofür jede der Variablen steht. ______________________________

Umfang eines Kreises

▶ Wissen

- Der Quotient von Umfang u und Durchmesser d ist bei allen Kreisen gleich.
  $u : d = \pi \approx 3{,}14$
- Für den Umfang u eines Kreises gilt: $u = \pi \cdot d$

  $u =$ ______

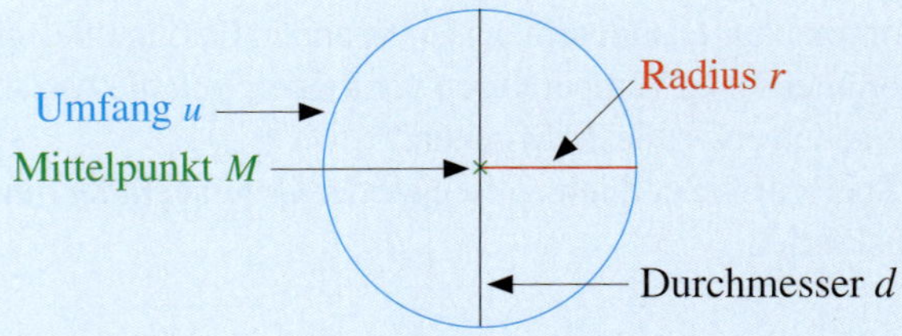

▶ Auftrag: Stelle eine Formel zur Berechnung des Umfangs u mithilfe des Radius r auf.

Aufgaben

1 Berechne die fehlenden Werte. Runde auf Hundertstel.

Durchmesser	10,00 cm	0,28 m	5,5 km	237,00 mm		
Radius	5,00 cm	0,14 m			11,40 dm	4,1 dm
Umfang			17,28 km	744,56 mm	71,63 dm	25,76 dm

2 Von oben gesehen sind folgende Objekte Kreise. Ordne diesen den entsprechenden Umfang zu.

Münze | Mittelkreis eines Fussballfeldes | Rad eines Fahrrades | Teller | Longdrinkglas

1,95 dm | 57,8 m | 7,23 cm | 2,17 m | 75,4 cm | 27,15 cm

3 Berechne jeweils den Umfang der gelben Flächen.

a) 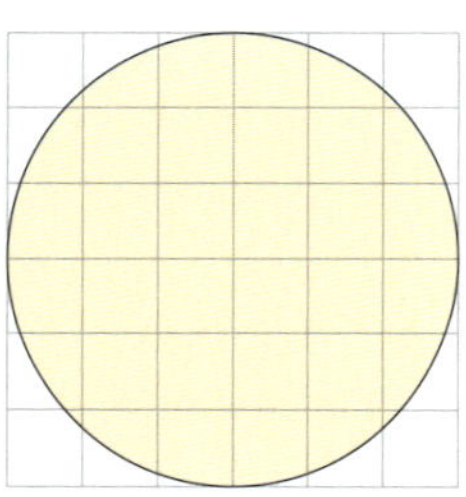

Umfang: ______

______

b) 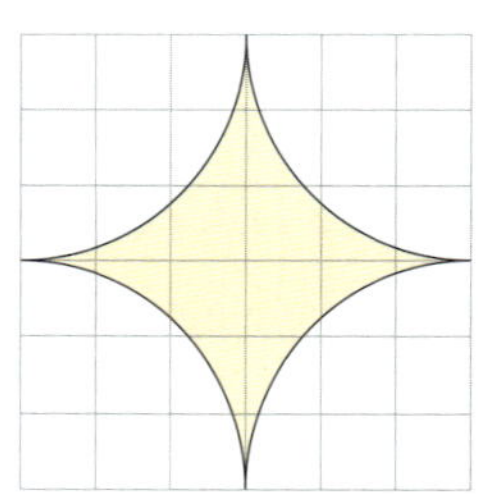

Umfang: ______

______

c) 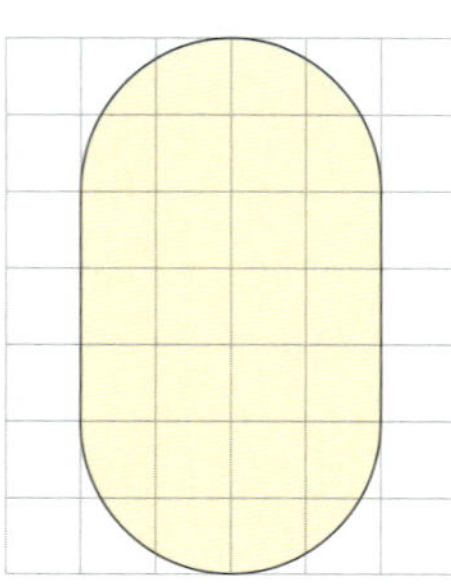

Umfang: ______

______

d) 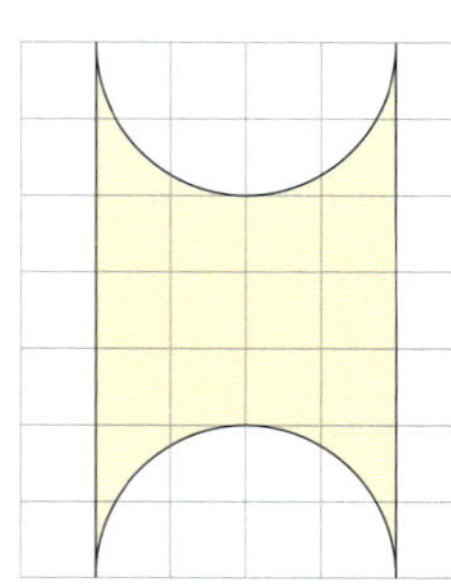

Umfang: ______

______

4 Kann mit einem 20 m langen Seil ein Kreis mit 6 m Durchmesser gelegt werden? Begründe deine Antwort.

______

5 Die Abbildung zeigt das Vorderrad eines Rades und die Rollen von Skates.

a) Ermittle deren Durchmesser und Umfänge.

Rad: ______________________

Skates: ______________________

b) Von der Bushaltestelle bis nach Hause sind es 2 km. Überschlage die Anzahl der Umdrehungen der Räder auf dem Weg.

Rad: ______________________

Skates: ______________________

6 An einem sehr großen runden Tisch sitzen 12 Personen. Auf jeden entfallen 78,50 cm Tischkante. Eine quadratische Tischdecke verdeckt die Tischplatte. Wie lang sind die Seiten der Tischdecke mindestens?

____

____

7 Die abgebildete Figur wurde durchweg mit einem Zirkel gezeichnet. Der weiße Kreis hat einen Durchmesser von 1,2 cm.

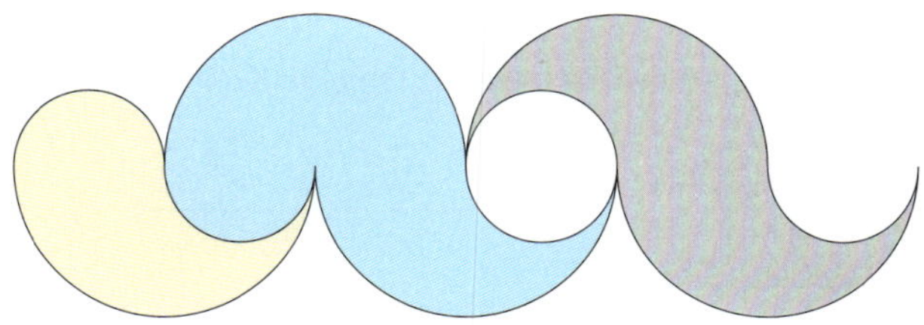

a) Zeichne die Figur im Maßstab 2 : 1.

b) Berechne von der Figur im Maßstab 2 : 1 jeweils den Umfang folgender Teilfiguren.

weißer Kreis ______________________

blaue Fläche ______________________

graue Fläche ______________________

gelbe Fläche ______________________

c) Prüfe mithilfe einer Schnur, ob deine Ergebnisse bei Teilaufgabe **b** richtig sein können.

Flächeninhalt eines Kreises

▶ Wissen

Der Flächeninhalt A eines Kreises mit dem Radius r lässt sich mit folgender Formel berechnen.

$A = \pi \cdot r^2$

$A =$ ______________________

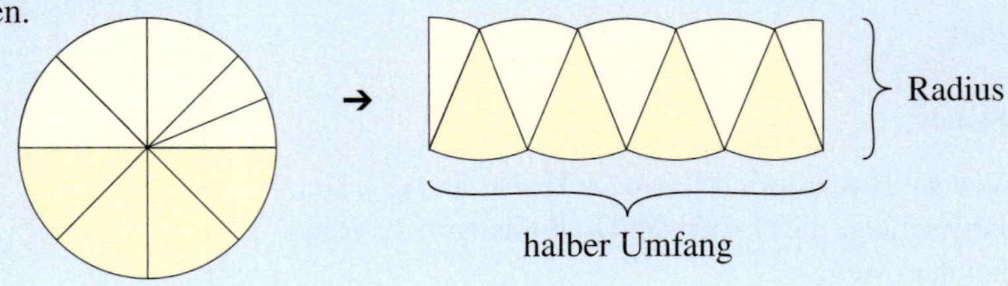

▶ Auftrag: Stelle eine Formel zur Berechnung des Flächeninhalts A mithilfe des Durchmessers d auf.

Aufgaben

1 Berechne die fehlenden Werte. Runde auf Hundertstel.

Durchmesser	10,00 cm	0,28 m	5,5 km	23,7 m		
Radius	5,00 cm	0,14 m			1,20 dm	4,1 dm
Flächeninhalt			23,76 km^2	441,15 m^2	4,52 dm^2	52,81 dm^2

2 Von oben gesehen sind folgende Objekte Kreise. Schätze, wie groß die entsprechenden Flächeninhalte sind.

a) 1-Euro-Münze ______________

b) 1-Cent-Münze ______________

c) Mittagsteller ______________

d) Tischtennisball ______________

e) Tasse ______________

f) Mittelkreis eines Fußballfeldes ______________

3 Berechne jeweils den Flächeninhalt der gelben Flächen.
Hinweis: Prüfe mithilfe der Kästchen, ob deine Ergebnisse stimmen können.

a)

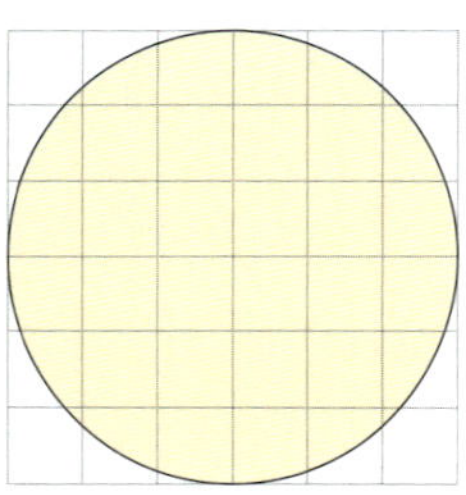

Flächeninhalt: ______________

b)

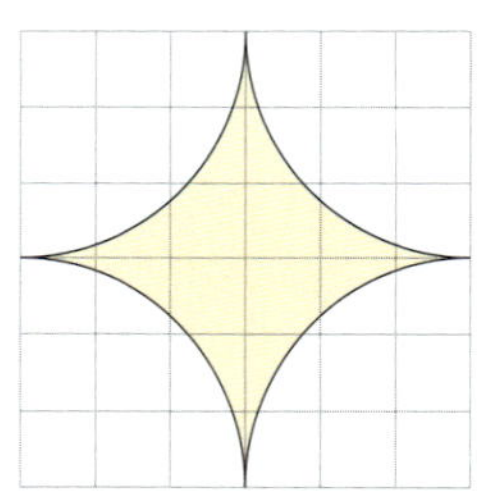

Flächeninhalt: ______________

c)

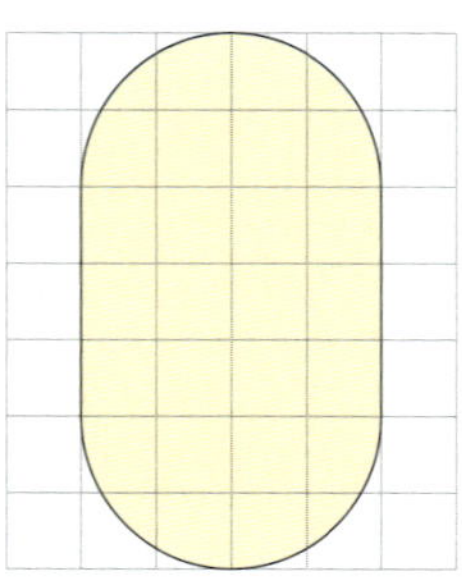

Flächeninhalt: ______________

d)

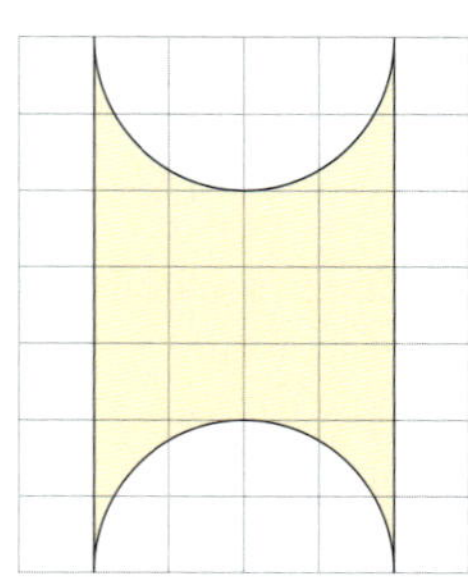

Flächeninhalt: ______________

4 Mit einer 16 cm langen Schnur wurde zuerst ein Quadrat und danach ein Kreis gelegt.
Welche der beiden Figuren hatte den größeren Flächeninhalt?

____

5 Die abgebildete Figur wurde mit dem Zirkel gezeichnet.
Der weiße Kreis hat im Original einen Radius von 1,2 cm.
Berechne jeweils den Flächeninhalt A folgender Teilfiguren.

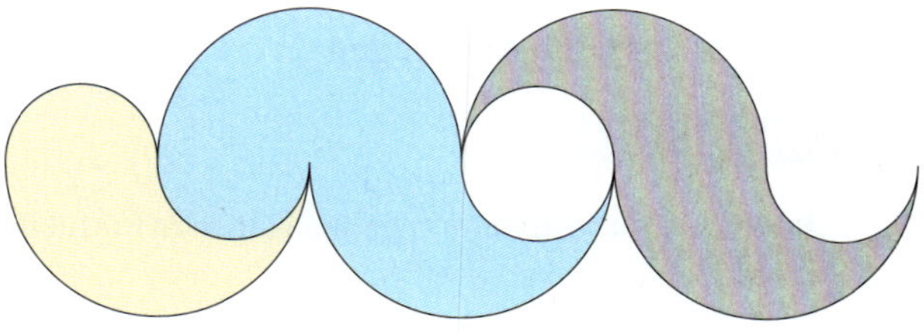

weißer Kreis ______________________________

blaue Fläche ______________________________

graue Fläche ______________________________

gelbe Fläche ______________________________

6 In der nebenstehenden Figur betrage die Seitenlänge des Quadrates $a = 4{,}4$ cm und die Länge der Diagonalen des Quadrates $d = 6{,}2$ cm.

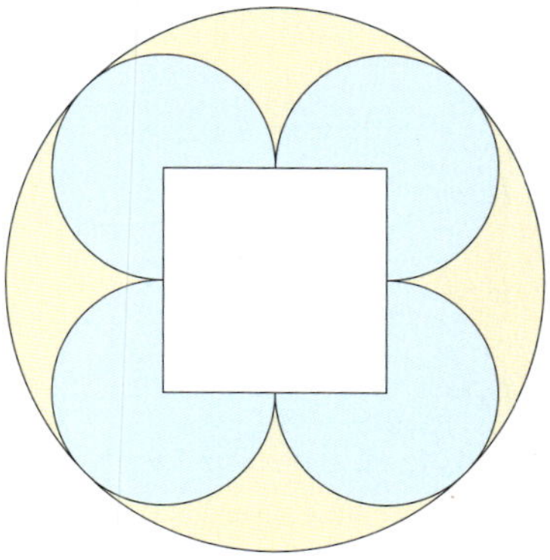

a) Berechne den Inhalt der blau gekennzeichneten Fläche.

____

____

b) Berechne den Inhalt der gelb gekennzeichneten Fläche.

____

____

7 Die Zuschauerplätze einer Freilichtbühne sind auf einer halbkreisförmigen Fläche mit 42,00 m Durchmesser angeordnet. Pro Zuschauer wird ein Platzbedarf von $0{,}60\,m^2$ angenommen.
Wie viele Eintrittskarten können verkauft werden?

____

____

8 Bei der Restauration einer Kirche soll das folgende Ornament nachgezeichnet werden.
Für einen Quadratmeter benötigt man 0,8 l Farbe.

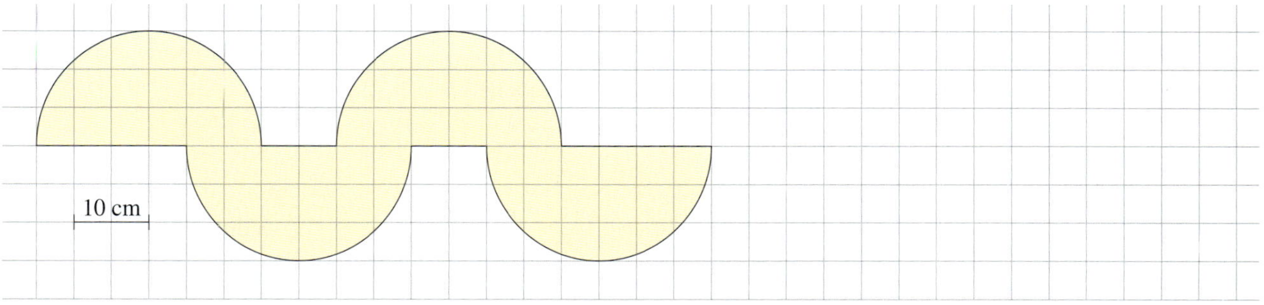

a) Berechne den Farbverbrauch für den abgebildeten Teil des Ornamentes.
Hinweis: Beachte den Maßstab.

____

____

b) Setze das Ornament bis zum Rand fort.

Kreisausschnitt und Kreisbogen

▶ Wissen

Für einen Kreisausschnitt gelten folgende Formeln.

$A_\alpha = \frac{\alpha}{360°} \cdot \pi \cdot r^2$

$b_\alpha = \frac{\alpha}{180°} \cdot \pi \cdot r$

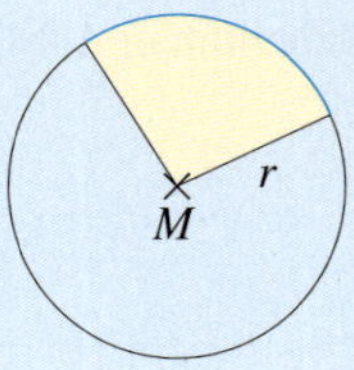

▶ Auftrag: Markiere α, b_α und A_α in der Zeichnung.

Aufgaben

1 Kreisausschnitte

a) Berechne jeweils die Bogenlänge und den Flächeninhalt der Kreisausschnitte.

b_1 = ____________________

b_2 = ____________________

b_3 = ____________________

b_4 = ____________________

A_{S1} = ____________________

A_{S2} = ____________________

A_{S3} = ____________________

A_{S4} = ____________________

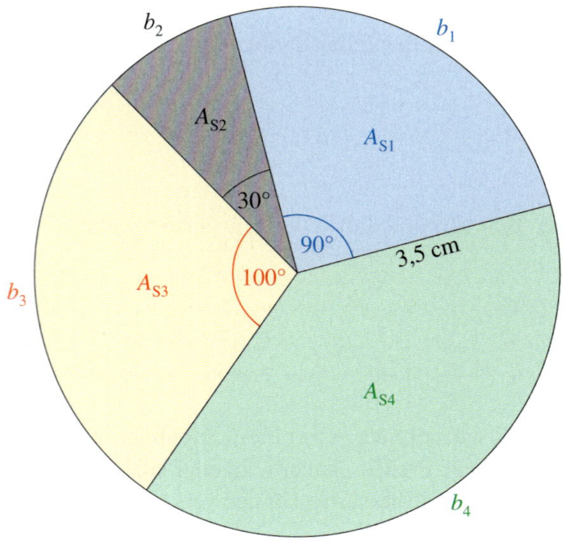

b) Berechne den Flächeninhalt und den Umfang des Kreises.
Überprüfe damit, ob deine Ergebnisse bei Teilaufgabe **a** stimmen können.

____

____

____

2 Ergänze für einen Kreis mit einem Radius von einem Dezimeter die Tabelle.

Mittelpunktswinkel	180°			270°		
Bogenlänge		$\frac{1}{2} \cdot \pi$ dm			$\frac{3}{4} \cdot \pi$ dm	
Flächeninhalt des Kreisausschnittes			$\frac{1}{8} \cdot \pi$ dm^2			$\frac{5}{8} \cdot \pi$ dm^2

3 Berechne den Mittelpunktswinkel und den Flächeninhalt eines Kreisausschnittes mit einem Radius von 8 cm und einer Bogenlänge von 15 cm.

____

____

4 Christoph warf drei Pfeile.

a) Ermittle die erreichte Punktzahl.

b) Ermittle die Flächeninhalte der getroffenen Felder. Runde auf volle Quadratmillimeter.
Zusatzaufgabe: Prüfe, ob die Punktzahl etwa proportional zur Flächengröße ist.

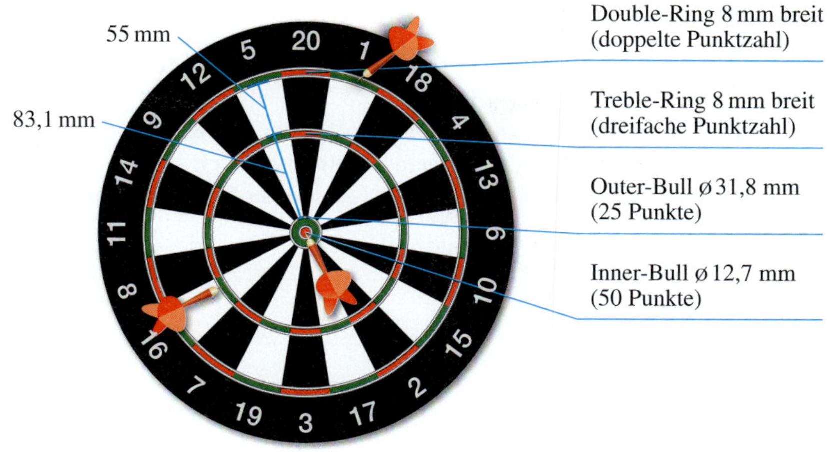

5 Beim Nebeneinanderlegen runder Münzen bleiben immer Zwischenräume leer.
Wie viel Prozent einer vorgegebenen Fläche können höchstens mit kreisförmigen Plättchen gleichen Durchmessers abgedeckt werden?
Hinweis: Zeichne ein kleineres Rechteck so ein, dass du innerhalb dieses Rechtecks den Flächeninhalt der mit Münzen abgedeckten Fläche genau berechnen kannst.

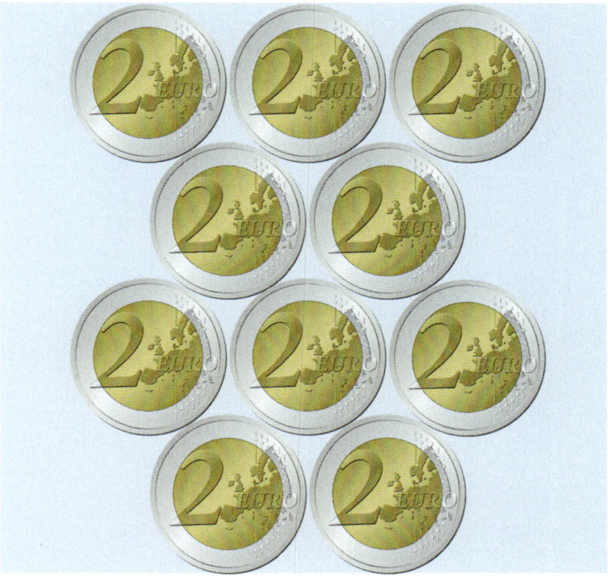

6 Kreuze zuerst die kleinste(n) gelbe(n) Fläche(n) an und berechne danach die Flächeninhalte.
Zusatzaufgabe: Markiere die Mittelpunkte der Kreise. Überprüfe dein Ergebnis mit einem Zirkel.

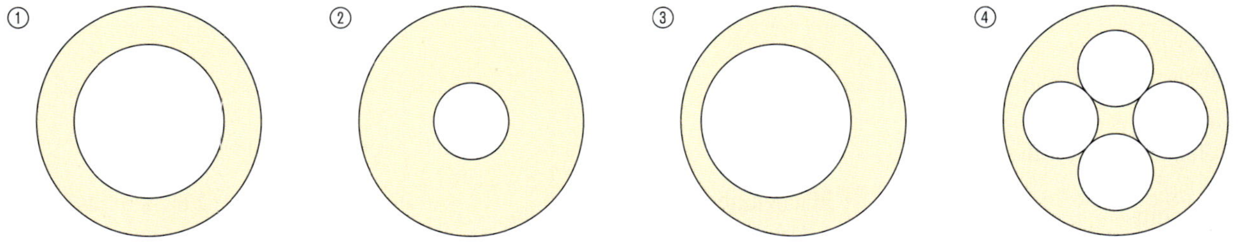

☐ ☐ ☐ ☐

Oberfläche von Zylindern

▶ Wissen

- Ein Zylinder ist ein Körper, dessen Grundfläche G ein Kreis ist.
  Die Mantelfläche M wird von einem Rechteck gebildet.
  Die Höhe des Zylinders entspricht der Länge einer Seite der Mantelfläche.
- Für den Oberflächeninhalt O gilt: $O =$ ______________________

  $G =$ ______________________

  $M =$ ______________________

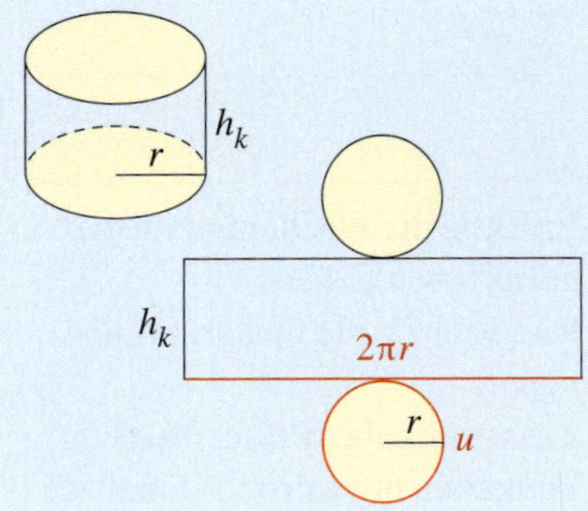

▶ Auftrag: Ergänze die Formeln.

Aufgaben

1 Netz und Oberflächeninhalt eines Zylinders

a) Vervollständige das Netz des abgebildeten Zylinders im Maßstab 1 : 100.

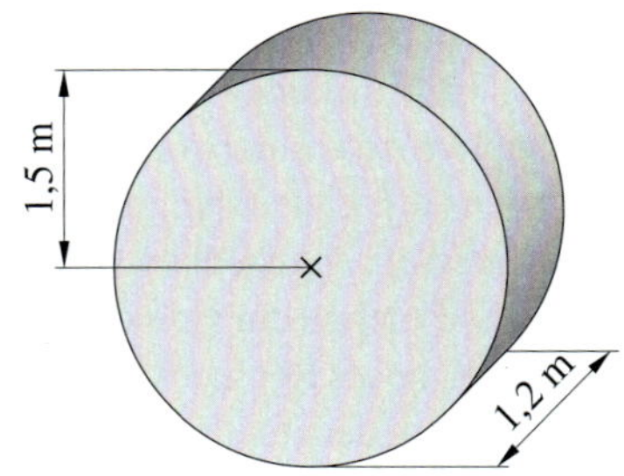

b) Gib den Flächeninhalt einer Grundfläche, der Mantelfläche und der Oberfläche des Zylinders an.

$G =$ ______________________

$M =$ ______________________

$O =$ ______________________

2 Vervollständige die Tabelle.

Radius	Durchmesser	Flächeninhalt der Grundfläche	Höhe	Flächeninhalt der Mantelfläche	Flächeninhalt der Oberfläche
17 cm			5,5 cm		
1,2 m			70 cm		
	0,6 cm		5,6 m		
	148 mm		12 mm		

3 Eine Litfaßsäule hat einen Durchmesser von 1,2 m.
Ihre Klebefläche ist 3 m hoch.
Wie viele bedruckte DIN-A4-Blätter könnten darauf höchstens geklebt werden, ohne dass deren Inhalte verdeckt sind?

4 Um einen Zylinder wurde in zwei vollständigen Umläufen eine Schnur gewunden.
Er hat eine Höhe von $h = 3$ m und einen Durchmesser von $d = 50$ cm.
Im Bild sind der Zylinder und sein abgewickelter Mantel skizziert.

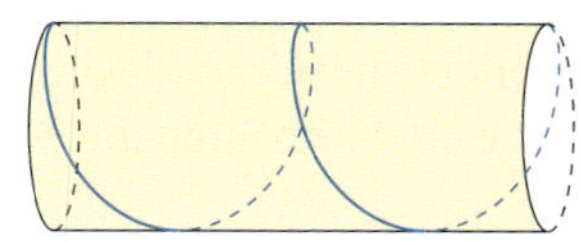

a) Gib den Oberflächeninhalt des Zylinders an.

b) Zeichne den Verlauf der Schnur in den abgewickelten Zylindermantel ein.

c) Kreuze die Länge der Schnur an.

☐ ca. 3 m ☐ ca. 4 m ☐ ca. 5 m ☐ ca. 6 m

5 Das dargestellte Werkstück wurde an der Dreh- und Fräsmaschine gefertigt.
Als Rohling wurde ein Zylinder mit einem Durchmesser von $d = 40$ mm und einer Höhe von $h = 55$ mm verwendet.
Das Werkstück soll vor der Auslieferung oberflächenveredelt werden.
Wie groß ist die zu behandelnde Fläche?
Hinweis: Die Oberfläche kann in einige leicht berechenbare Teilflächen zerlegt werden. Einige dieser Teilflächen ergeben zusammengefasst eine noch einfachere Fläche. Kennzeichne diese mit derselben Farbe.

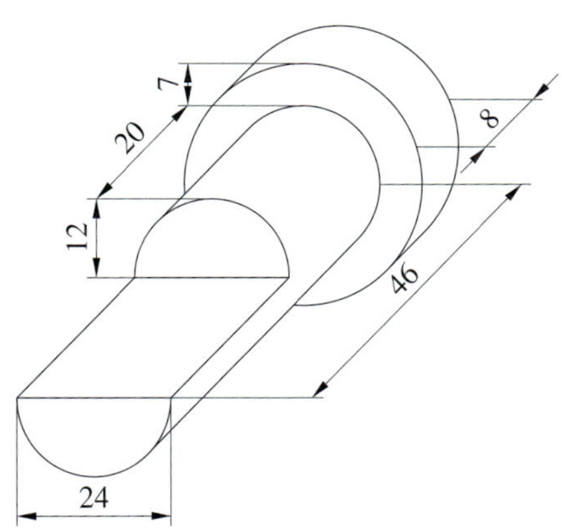

Volumen von Zylindern

▶ Wissen

Das Volumen V eines Zylinders ist das Produkt des Flächeninhalts der Grundfläche G und der Körperhöhe h_k.

$V = G \cdot h_k$

Beispiel: $V =$ ______________________

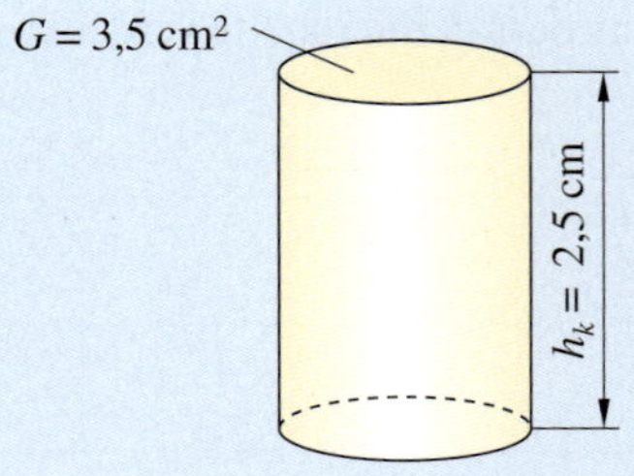

▶ Auftrag: Ergänze das Beispiel.

Aufgaben

1 Abgebildet sind Grundflächen von 4 cm hohen Zylindern.
Ermittle die Flächeninhalte der Grundflächen G und die Volumen V.

a) 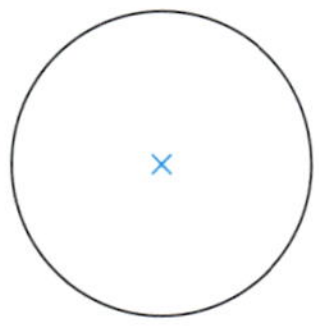

$G \approx$ __________

$V \approx$ __________

b) 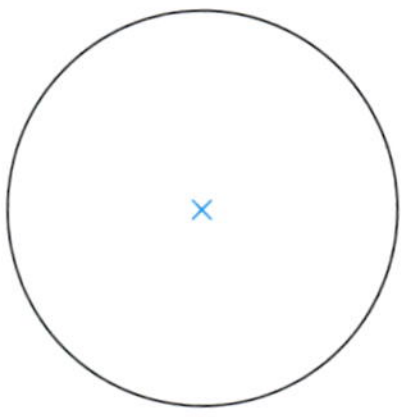

$G \approx$ __________

$V \approx$ __________

c) 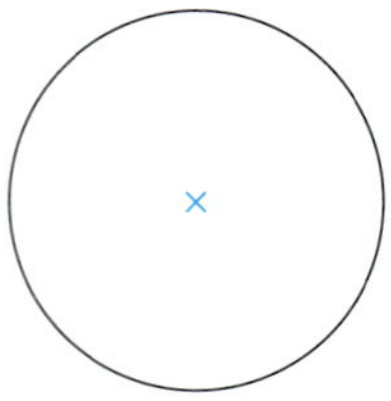

$G \approx$ __________

$V \approx$ __________

d) 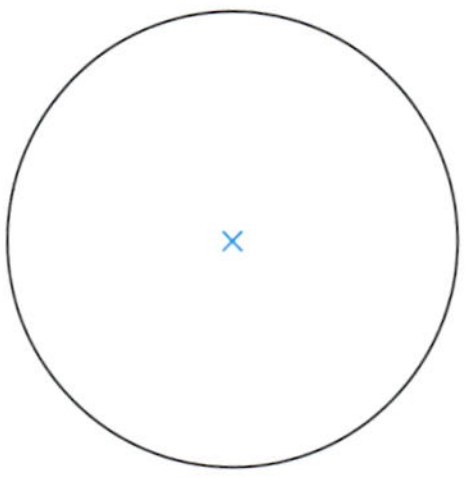

$G \approx$ __________

$V \approx$ __________

2 Ergänze die Tabelle für Zylinder.

Radius	Durchmesser	Flächeninhalt der Grundfläche	Höhe	Volumen
5 cm			8 cm	
	5 mm			62,82 mm³
6,2 m			15,32 m	
	2 dm			11,30 dm³

3 Aus einem Glas wurde getrunken. Anfangs waren 200 ml Wasser darin (1. Bild).

a) Schätze, wie viel Wasser jeweils im Glas ist.

1. Bild	2. Bild	3. Bild	4. Bild	5. Bild
200 ml				

b) Gib Innenlängen von Gläsern an, die genau 200 ml fassen.
Hinweis: Prüft gegenseitig die vorgeschlagenen Möglichkeiten.

____

____

4 Zwei zylinderförmige Kochtöpfe sind gleich hoch. Der Durchmesser des zweiten Topfes ist doppelt so groß wie der des kleineren.

a) Wievielmal größer ist das Volumen des größeren Topfes vermutlich? Zusatzaufgabe: Begründe deine Vermutung.

b) Berechne die Volumen beider Töpfe, wenn der kleinere 12 cm hoch ist und einen Durchmesser von 13 cm hat. Gib die Ergebnisse in Litern an.

5 Eine zylinderförmige Regentonne soll laut Etikett ein Fassungsvermögen von 0,5 m^3 haben. Als Höhe sind auf der Regentonne 1,10 m eingeprägt und als Durchmesser 76 cm.

a) Passt das Etikett zu der Regentonne?

b) An einem Tag fließen insgesamt 140 l Wasser in die bis dahin halbvolle Tonne. Auf wie viel Zentimeter steigt dadurch der Wasserspiegel?

6 Das in der Zeichnung dargestellte Werkstück wurde an der Dreh- und Fräsmaschine gefertigt. Als Rohling wurde ein Zylinder mit einem Durchmesser von $d = 40$ mm und einer Höhe von $h = 55$ mm verwendet.

a) Berechne das Volumen V des Werkstückes.
Hinweis: Zerlege das Werkstück in drei Teilkörper.

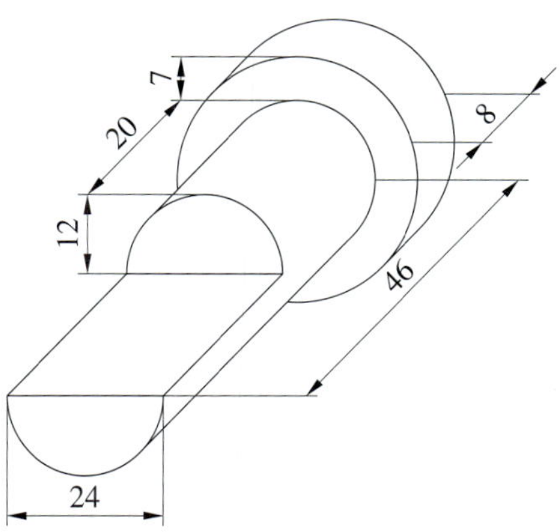

b) Wie viel Prozent vom Rohling (Zylinder) wurden zu Abfall?

Oberfläche von Pyramiden

▶ Wissen

Für den Oberflächeninhalt O einer Pyramide gilt:

____

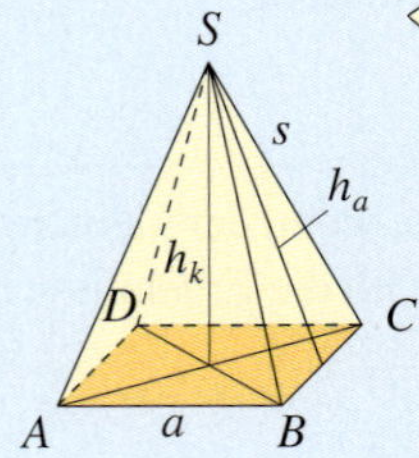

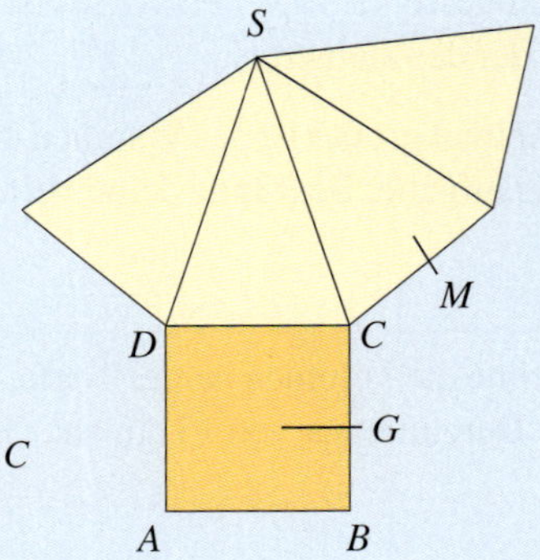

▶ Auftrag: Ergänze eine Formel zu Berechnung der Größe der Oberfläche.

Aufgaben

1

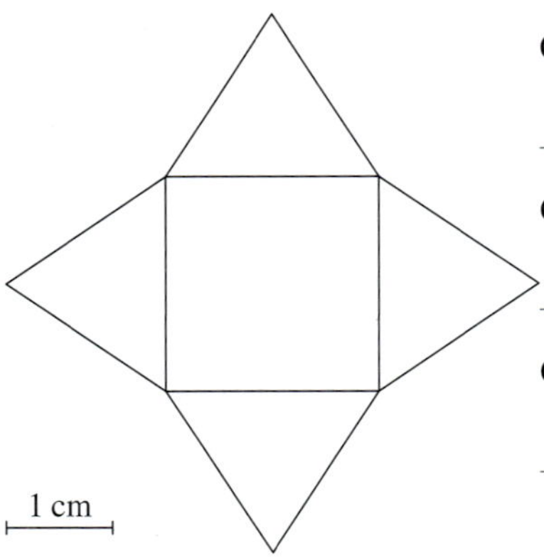

Größe der Grundfläche: ______

Größe der Mantelfläche: ______

Größe der Oberfläche: ______

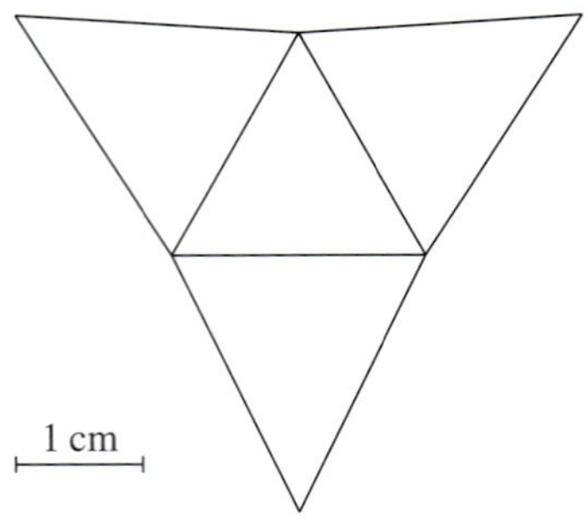

Größe der Grundfläche: ______

Größe der Mantelfläche: ______

Größe der Oberfläche: ______

a) Ermittle die Größen der Flächen der geraden, regelmäßigen Pyramiden. Entnimm dazu benötigte Angaben den Körpernetzen.

b) Kreuze alle zu beiden Pyramiden passenden Formeln an. Hinweis: Prüfe, ob sie für beide Beispiele gelten.

☐ $G_{\text{Pyramide}} = a^2$ ☐ $s = \sqrt{h_a^2 + a^2}$

☐ $A_{\text{Seitenfläche}} = \frac{h_a \cdot a}{2}$ ☐ $h_a = \sqrt{s^2 - a^2}$

2 Eine gerade Pyramide ist 34 cm hoch und hat eine quadratische Grundfläche mit 56 cm langen Seiten.

a) Berechne die Höhe h_a einer Seitenfläche. Hinweis: Betrachte die Pyramide im Grundwissen.

____

b) Berechne den Oberflächeninhalt der Pyramide.

____

3 Vervollständige die Tabelle für gerade Pyramiden mit quadratischen Grundflächen.

a	h	s	h_a	M	O
3 cm	5 cm				
		3,5 cm	2,9 cm		
	7,9 m		12,5 m		

4 Ein Turmdach soll neu gedeckt werden. Die Dachdecker haben ermittelt, dass alle unteren Dachkanten 8 m lang sind und ein Quadrat bilden. Alle schrägen Dachkanten sind 9 m lang. Jeder der neuen Ziegel deckt eine Fläche von 15 cm mal 12 cm ab. Berechne die Anzahl der benötigten Ziegel.

5 Eine 12 cm hohe Schachtel hat die Form einer geraden Pyramide. Die Grundfläche ist ein regelmäßiges Achteck mit der Seitenlänge $a = 7$ cm. Die Höhe h_d jedes Teildreiecks der Grundfläche beträgt rund 8,45 cm.

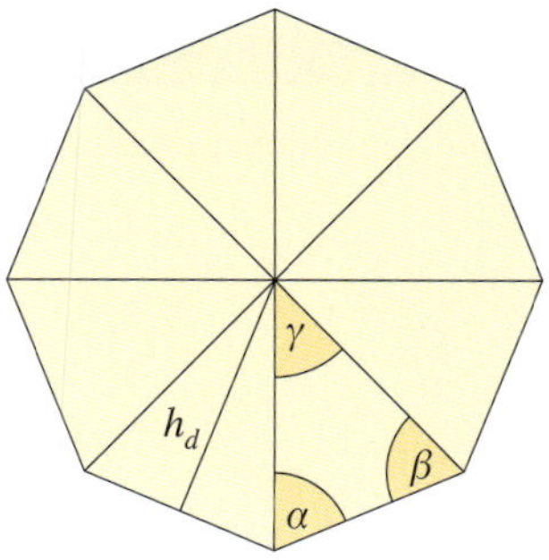

a) Berechne den Oberflächeninhalt der Pyramide.

b) Karl betrachtet das Achteck und behauptet: „α ist genau 86° groß.“ Hat er recht? Begründe deine Meinung mithilfe einer Rechnung.

6 Vervollständige das Netz einer 4 cm hohen geraden Pyramide und schätze, wie groß die Oberfläche ist.

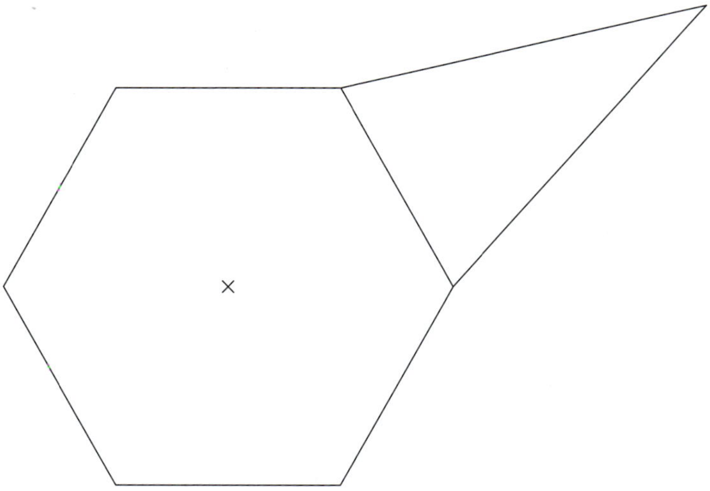

7 Können vier gleichschenklige rechtwinklige Dreiecke die Mantelfläche einer geraden Pyramide bilden? Begründe deine Entscheidung.

Oberfläche von Kegeln

▶ Wissen

Für den Oberflächeninhalt O eines Kegels gilt:

$O =$ ______________________________

$G =$ ______________________________

$M =$ ______________________________

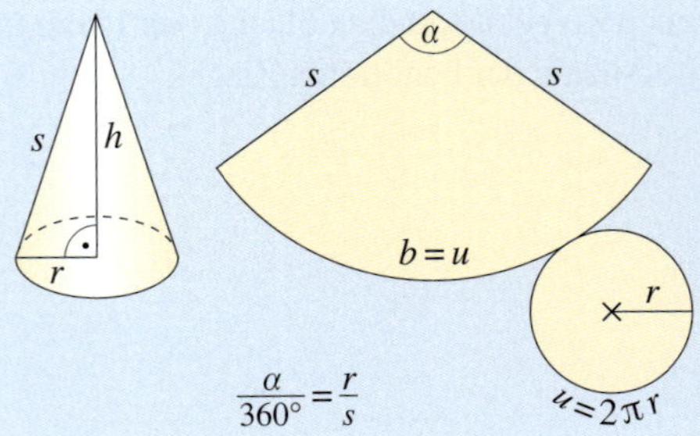

▶ Auftrag: Ergänze die Formeln.

Aufgaben

1 Berechne den Flächeninhalt der Grundfläche, des Mantels und der Oberfläche der Kegel.

a)

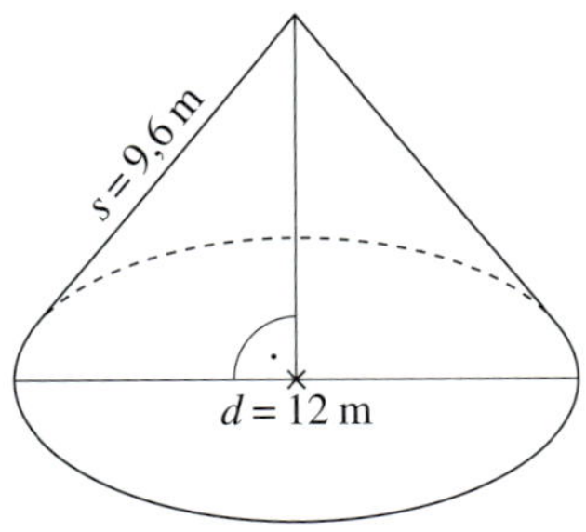

b)

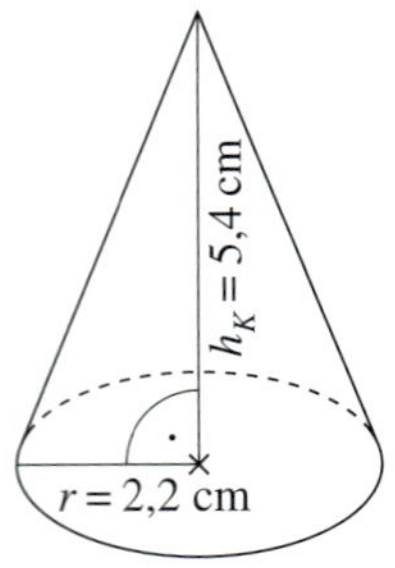

____

____

____

2 Zeichne das Netz eines Kegels mit einem Durchmesser von 2,6 cm und einer Seitenhöhe von 2,1 cm. Berechne den Oberflächeninhalt.

____

____

____

3 Vervollständige die Tabelle für Kegel. Betrachte dazu die Abbildungen im Grundwissen.

r	s	h	α	M_{Kegel}	G_{Kreis}	O_{Kegel}
	8 dm			65 dm²		
	15,2 m	12,4 m				
25,6 m	27,5 m					
5,5 m				97,6 m²		
8 cm						950 cm²

4 Auf dem Bild ist ein Kletterturm zu sehen, der „Kegel" genannt wird. Er befindet sich in Berlin.
Der Turm hat eine Gesamthöhe von 18,70 m. Der Zylinder hat einen Umfang von 44 m und eine Höhe von 10,7 m.
Berechne näherungsweise die Größe der Fläche im Außenbereich, die den Kletterern zur Verfügung steht.

5 Das Körpernetz eines Kegels besteht aus einem Viertelkreis mit einem Radius von 10 cm und einem Kreis.

a) Welchen Oberflächeninhalt hat der zugehörige Kegel?
Zusatzaufgabe: Bastle einen derartigen Kegel.

b) Schätze, wie groß das Volumen des zugehörigen Kegels ist.
Kreuze alle passenden Angaben an.

☐ ca. 6 cm^2 ☐ ca. $6 \cdot 10^{-5}\ m^3$ ☐ ca. $6 \cdot 10^3\ mm^3$

☐ ca. 0,006 dm^3 ☐ ca. 60 cm^3 ☐ 6 000 mm^3

6 Ein Segelverein besitzt 28 der abgebildeten Bojen. Sie bestehen aus zwei gleich großen aufeinandergesetzten Kegeln.
Zum Schutz vor Algen sollen sie im nächsten Monat mit einem Spezialmittel gestrichen werden.
Jede Boje ist etwa 80 cm hoch und hat 35 cm Durchmesser.

a) Gib mit sinnvoller Genauigkeit an, wie viel Quadratmeter mit dem Spezialmittel zu streichen sind.

b) Stell dir vor: Eine der Bojen (Doppelkegel) wird von Spitze zu Spitze so geteilt, dass zwei kongruente Teile entstehen.
Entscheide, ob die Aussagen über die ebenen Schnittflächen wahr oder falsch sind.
Zusatzaufgabe: Begründet untereinander die Entscheidungen.

Die Schnittfläche ist annähernd ein Kreis.	☐ wahr	☐ falsch
Die Schnittfläche ist annähernd ein Quadrat.	☐ wahr	☐ falsch
Die Schnittfläche ist annähernd eine Raute.	☐ wahr	☐ falsch
Die Schnittfläche ist annähernd ein Parallelogramm mit vier gleich langen Seiten.	☐ wahr	☐ falsch
Die Schnittfläche ist annähernd ein Drachenviereck.	☐ wahr	☐ falsch

Volumen von Pyramiden und Kegeln

▶ Wissen

Für das Volumen V_P einer Pyramide gilt:

$V_P =$ ______________________________

Für das Volumen V_K eines Kegels gilt:

$V_K =$ ______________________________

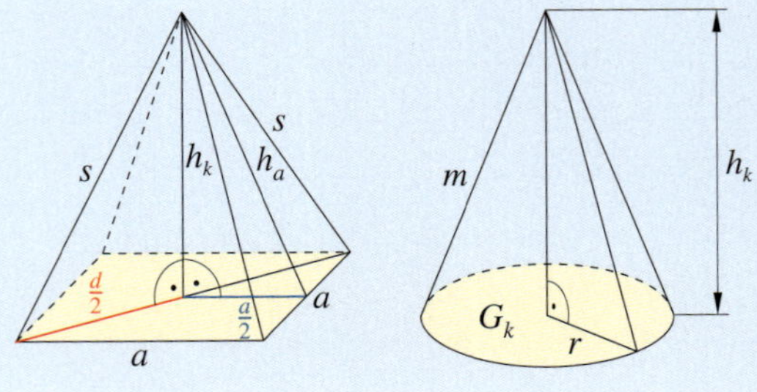

▶ Auftrag: Ergänze die Formeln.

Aufgaben

1 Ermittle das Volumen der quadratischen Pyramide und des Kreiskegels.

a)

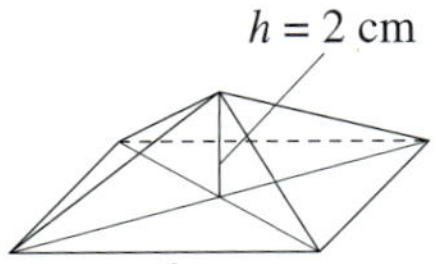

____

____

____

b)

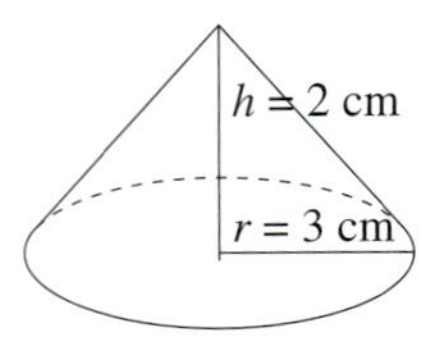

____

____

____

2 Ergänze die Tabelle für Pyramiden.

Flächeninhalt der Grundfläche	$6\,cm^2$	$10\,dm^2$		$0{,}25\,m^2$
Höhe	4 cm		11 mm	0,6 m
Volumen		$40\,dm^3$	$77\,mm^3$	

3 Ergänze die Tabelle für Kegel.

Radius	Durchmesser	Flächeninhalt der Grundfläche	Höhe	Volumen
4 dm			6 dm	
	2 m			$12{,}56\,m^3$
1,5 cm			2 cm	
	2 mm			$7{,}32\,mm^3$

4 Ordne die Körper nach der Größe der Volumen. Beginne mit dem kleinsten Wert.

Körper A ist eine 5 cm hohe quadratische Pyramide mit 2 cm langen Kanten an der Grundfläche.
Körper B ist ein 5 cm hoher Kegel, dessen Grundfläche einen Durchmesser von 5 cm hat.
Körper C ist eine 4 cm hohe rechteckige Pyramide mit 6 cm und 2,5 cm langen Kanten an der Grundfläche.
Körper D ist ein 4 cm hoher Kegel, dessen Grundfläche einen Radius von 3 cm hat.

____

____

5 Auf einer Drehmaschine wurden die in der Zeichnung dargestellten Werkstücke gefertigt. Es entstehen bei der Drehung um die eingezeichnete Achse Rotationskörper. Die Maße sind in Millimeter angegeben.
Benenne die entstandenen Körper.
Berechne Volumen und Oberflächeninhalt von jedem der drei Körper.

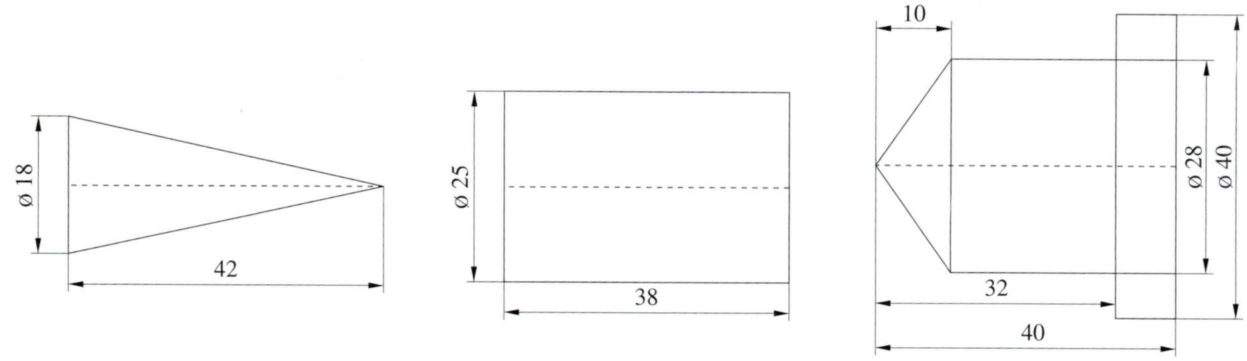

6 Alle Kanten eines regelmäßigen Tetraeders und einer geraden quadratischen Pyramide haben eine Länge von $a = 3\,\text{cm}$.
Berechne die Volumen beider Körper.

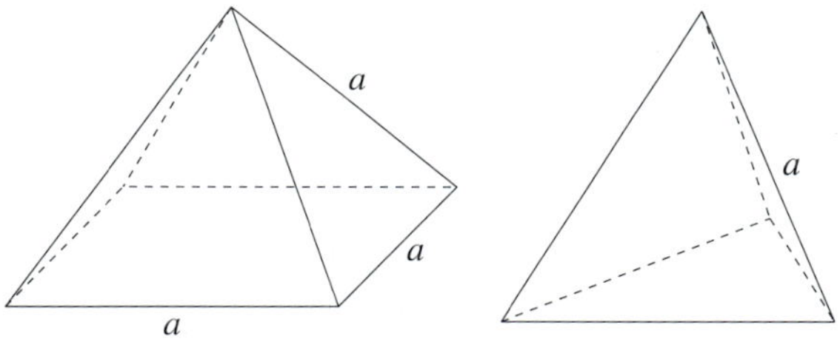

Oberfläche und Volumen von Kugeln

▶ Wissen

- Für den Oberflächeninhalt einer Kugel gilt: $O = 4\pi \cdot r^2$.
- Für das Volumen einer Kugel gilt: $V = \frac{4}{3}\pi \cdot r^3$.

Beispiel:

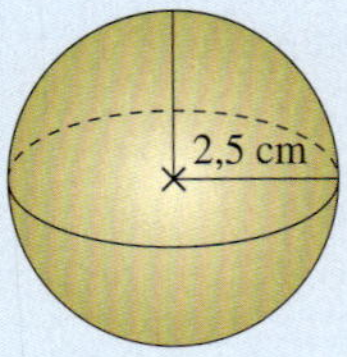

$O =$ ______________________

$V =$ ______________________

▶ Auftrag: Ergänze das Beispiel.

Aufgaben

1 Berechne jeweils das Volumen und den Oberflächeninhalt der Kugel. Runde die Ergebnisse auf Hundertstel.
Hinweis: Nutze zum Rechnen gegebenenfalls ein zusätzliches Blatt.

Radius	7,6 cm	32,1 cm	0,69 cm	99,9 cm
Oberflächeninhalt				
Volumen				

2 Ergänze die Tabelle für Kugeln. Runde die Ergebnisse auf Hundertstel.
Hinweis: Nutze zum Rechnen gegebenenfalls ein zusätzliches Blatt.

Radius	3,5 cm			
Durchmesser		4 dm		
Oberflächeninhalt			$120\,mm^2$	
Volumen				$700\,m^3$

3 Ordne mithilfe von Überschlägen innerhalb einer Minute möglichst viele Werte jeweils einer Kugel zu (Radius bzw. Durchmesser, Oberflächeninhalt, Volumen).
Markiere einander zugeordnete Größenangaben mit der gleichen Farbe.
Hinweis: Nutze gegebenenfalls zum Rechnen ein zusätzliches Blatt.

3,5 cm	$79\,cm^2$	$154\,cm^2$	$4347\,cm^2$
$12\,cm^2$	$180\,cm^3$	18,6 cm	1 cm
$26\,954\,cm^3$	$65\,cm^3$	$4\,cm^3$	5 cm

4 Schätze, welchen Oberflächeninhalt und welches Volumen ein Fußball hat.

____

____

5 Je drei Tennisbälle sollen platz- und materialsparend verpackt werden.
Sie haben einen Durchmesser von 6,6 cm.
Es bieten sich zylinderförmige oder quaderförmige Schachteln an.
Gib jeweils die Raumausnutzung in Prozent an.
Wie viel Karton ist mindestens nötig, um eine solche Schachtel zu falten, wenn man 15 % für Klebestellen und Überlappung hinzurechnet?

6 Würfel und Kugel

a) Einem Würfel mit der Kantenlänge $a = 10$ cm wird eine Kugel einbeschrieben.
Um wie viel Prozent sind Volumen und Oberflächeninhalt der Kugel kleiner als die entsprechenden Größen des Würfels?

b) Einer Kugel mit dem Durchmesser $d = 10$ cm wird ein Würfel einbeschrieben.
Um wie viel Prozent sind Volumen und Oberflächeninhalt des Würfels kleiner als die entsprechenden Größen der Kugel?

Sinusfunktion

▶ Wissen

P ist ein Punkt auf dem Einheitskreis.
α ist der Winkel zwischen der positiven x-Achse und dem Strahl, der vom Ursprung durch P geht.
Die Funktion, die dem Winkel α ($\alpha \in \mathbb{R}$) den entsprechenden y-Wert zuordnet, heißt Sinusfunktion.

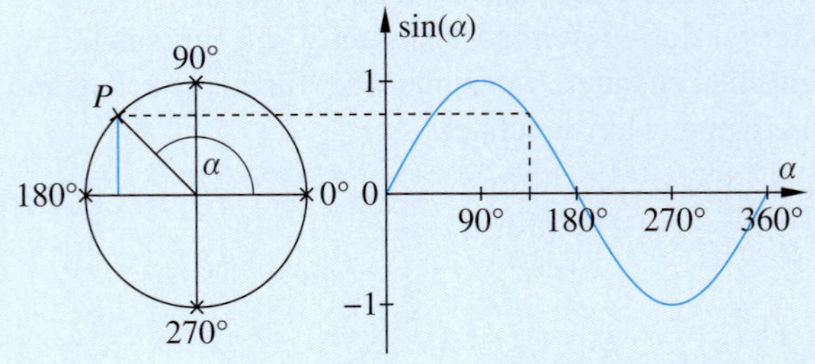

Beispiele:

sin (90°) = ______ sin (180°) = ______

▶ **Auftrag:** Ergänze die Beispiele.

Aufgaben

1 Einheitskreis und Sinusfunktion

a) Vervollständige mithilfe der Zeichnung die Tabelle.
Zeichne für sin(α) entsprechende Strecken ein und lies die Werte ab.

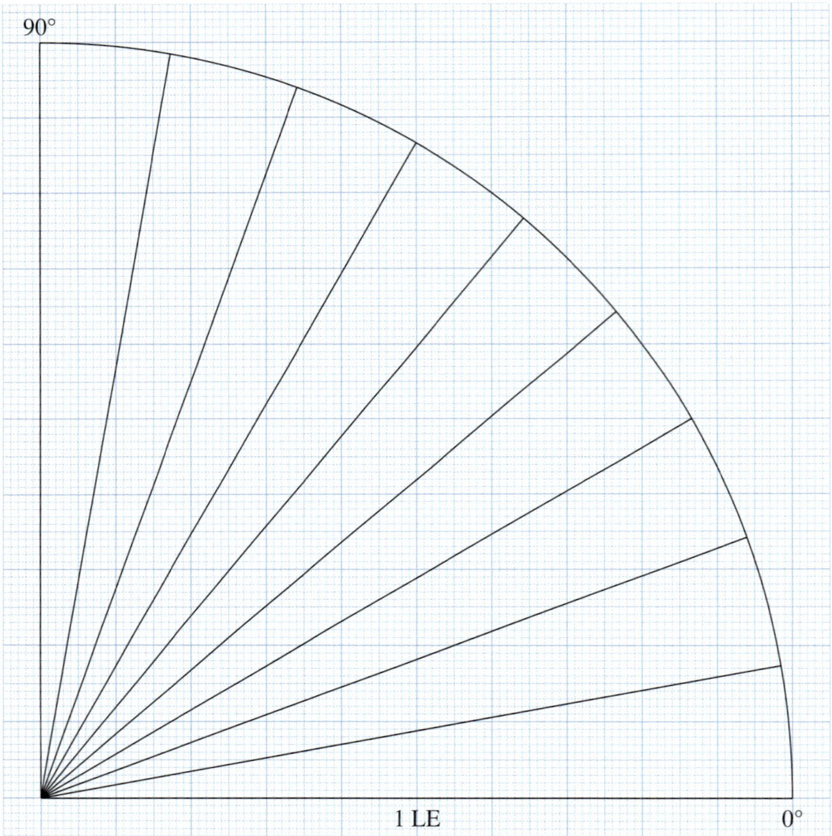

α im Gradmaß	sin (α)
0°	
10°	
20°	
30°	
40°	
50°	
60°	
70°	
80°	
90°	

b) Skizziere die Sinusfunktion $y = \sin(x)$ mithilfe der Teilaufgabe **a** im vorgegebenen Koordinatensystem.

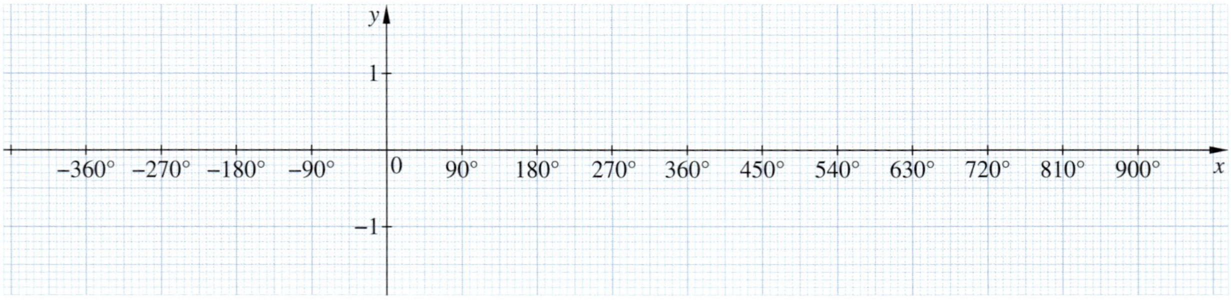

2 Gib jeweils vier zu dem Funktionswert passende Winkelgrößen an.
Zusatzaufgabe: Gib eine allgemeine Regel zum Berechnen der Winkelgrößen an.

a) sin (______) = 1 sin (______) = 1 sin (______) = 1 sin (______) = 1

b) sin (______) = −1 sin (______) = −1 sin (______) = −1 sin (______) = −1

c) sin (______) = 0 sin (______) = 0 sin (______) = 0 sin (______) = 0

d) sin (______) = 0,5 sin (______) = 0,5 sin (______) = 0,5 sin (______) = 0,5

3 Quadrantenbeziehungen der passenden Punkte auf dem Einheitskreis

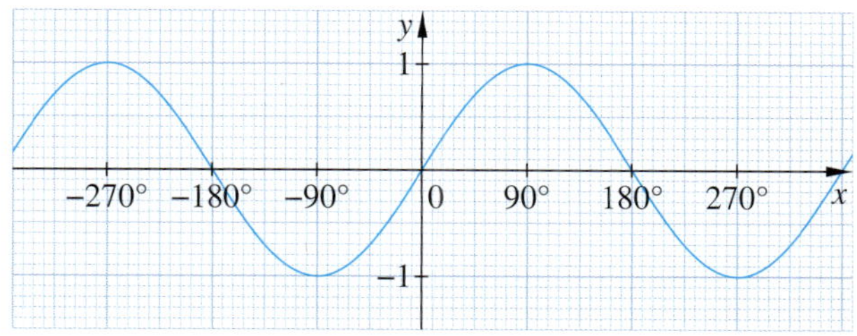

a) Gib in der Zeichnung den jeweiligen Quadranten an.
Hinweis: Schreibe I, II, III oder IV.

b) Veranschauliche im Koordinatensystem die Lösungen der Gleichung $|\sin(\alpha)| = 0{,}5$.

c) Ergänze passend zur Zeichnung.

$\sin(30°) = \sin(\_\_\_\_ - 30°) = -\sin(\_\_\_\_ + 30°) = -\sin(\_\_\_\_ - 30°)$

$\sin(\alpha) = \sin(\_\_\_\_ - \alpha) = -\sin(\_\_\_\_ + \alpha) = -\sin(\_\_\_\_ - \alpha)$

4 Jedem Winkel am Einheitskreis (Kreis mit $r = 1$) kann die Länge des zugehörigen Kreisbogens zugeordnet werden.
Hinweis: Der Umfang des Einheitskreises beträgt 2π (Bogenmaß). Dazu gehört ein Winkel von 360° (Gradmaß).

a) Ergänze die Tabelle.

α im Gradmaß	360°	180°	90°	60°	45°	30°	20°	10°	0°
α im Bogenmaß	2π								

b) Gib die Funktionswerte an.
Hinweis: $\pi \approx 3{,}14$

$\sin(\pi) =$ ______ $\sin(\frac{1}{2}\pi) =$ ______ $\sin(\frac{1}{3}\pi) \approx$ ______ $\sin(\frac{5}{18}\pi) \approx$ ______

$\sin(3{,}14) \approx$ ______ $\sin(1{,}57) \approx$ ______ $\sin(0{,}79) \approx$ ______ $\sin(0{,}314) \approx$ ______

5 Ein Feuerwehrfahrzeug hat eine 35 m lange Drehkorbleiter.
Diese ist in einer Höhe von 1,60 m angebracht.
Die Drehleiter wird bis zu einem Winkel von 45° aufgerichtet und dann voll ausgefahren.

a) Veranschauliche den Sachverhalt mithilfe einer Skizze.

b) Kann mit dieser Leiter eine Person aus einer Höhe von 25 m gerettet werden?

____

____

c) Gib die erreichte Höhe h der Leiter als Funktion des Aufrichtungswinkels x an. ______________

Kosinusfunktion

▶ Wissen

P ist ein Punkt auf dem Einheitskreis.
α ist der Winkel zwischen der positiven x-Achse und dem Strahl, der von Ursprung durch P geht. Die Funktion, die dem Winkel α ($\alpha \in \mathbb{R}$) den entsprechenden x-Wert zuordnet, heißt Kosinusfunktion.

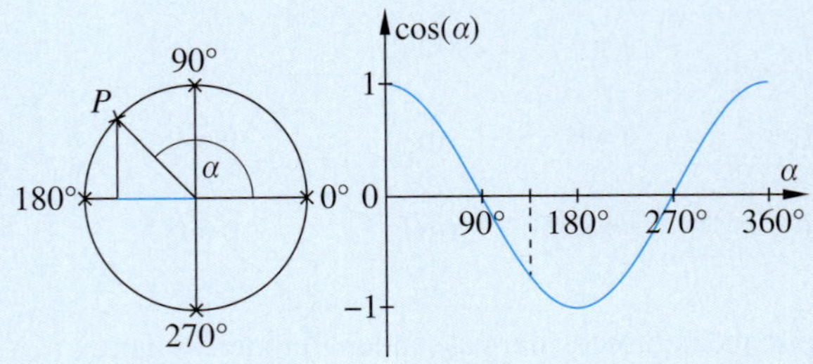

Beispiele: cos (90°) = ______

cos (π) = ______

▶ **Auftrag:** Ergänze die Beispiele.

Aufgaben

1 Einheitskreis und Kosinusfunktion

a) Vervollständige mithilfe der Zeichnung die Tabelle.
Zeichne für $\cos(\alpha)$ entsprechende Strecken ein und lies die Werte ab.

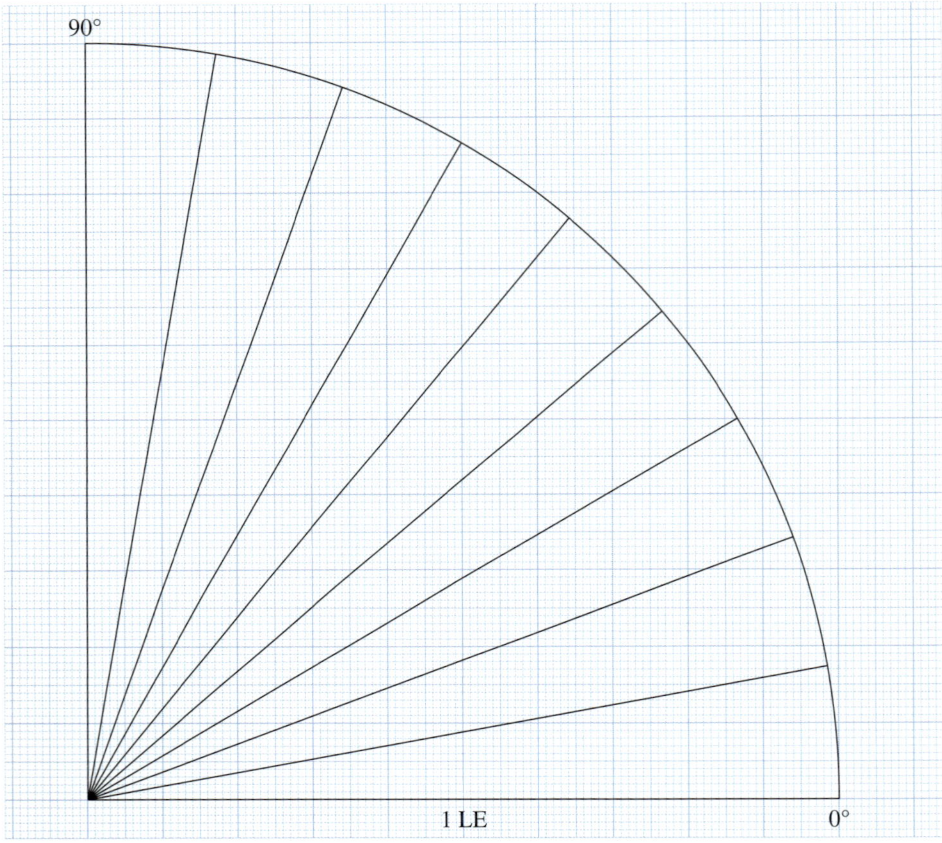

α im Gradmaß	$\cos(\alpha)$
0°	
10°	
20°	
30°	
40°	
50°	
60°	
70°	
80°	
90°	

b) Skizziere die Kosinusfunktion $y = \cos(x)$ mithilfe der Teilaufgabe **a** im vorgegebenen Koordinatensystem.

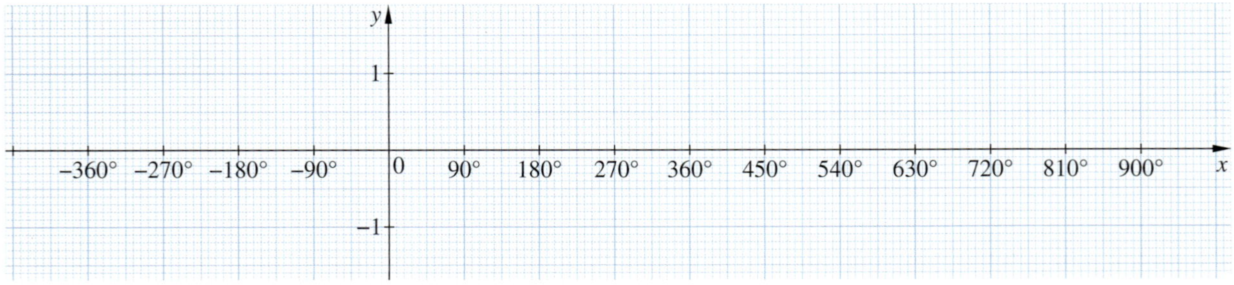

2 Eine Firma bietet verschieden lange Anlegeleitern an.
Der Neigungswinkel soll höchstens 70° betragen.
Um die maximal erreichbare Arbeitshöhe zu ermitteln, wird zur Anlegehöhe der Leiter 1,35 m addiert.

a) Ergänze die Tabelle.

Länge der Leiter	2,32 m	2,90 m	3,25 m	4,09 m
maximal erreichbare Arbeitshöhe				
Entfernung des Fußendes von der Wand				

b) Charlotte hat auf einem zusätzlichen Blatt Papier folgende Terme notiert.
Was hat sie vermutlich damit berechnet?

$\sin(70°) \cdot l$ ______________________________

$\cos(70°) \cdot l$ ______________________________

3 Gib fünf Werte an, für die gilt …

a) $\cos(x) = \cos(80°)$ ______________________________

b) $\cos(x) = \cos(31°)$ ______________________________

c) $\cos(x) = \cos\left(-\frac{\pi}{2}\right)$ ______________________________

d) $\cos(x) = \cos(\pi)$ ______________________________

e) $|\cos(x)| = 1$ ______________________________

f) $\sin(x) = \cos(x)$ ______________________________

4 Nenne mindestens zwei Gemeinsamkeiten und zwei Unterschiede von $f(x) = \sin(x)$ und $g(x) = \cos(x)$.
Zusatzaufgabe: Gib eine allgemeine Regel zum Berechnen der Winkelgrößen an.

Gemeinsamkeiten:

____

____

____

Unterschiede:

____

____

____

Sinusfunktionen mit Parametern

▶ Wissen

- Mit allgemeinen Sinusfunktionen in der Form $g(x) = a \cdot \sin(b \cdot (x - c)) + d$ können periodische Vorgänge beschrieben werden.

Beispiel: Veranschaulichung der Spannung

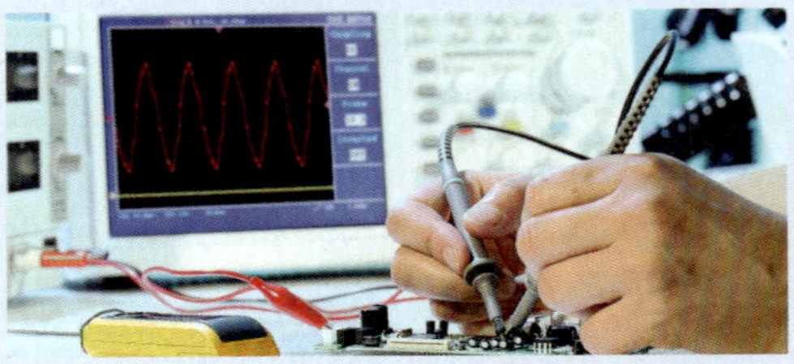

- Die Parameter a, b, c und d stehen für Veränderungen im Vergleich zu $f(x) = \sin(x)$.
  - a steht für eine Streckung oder Stauchung in Richtung der ______________ mit dem Faktor $|a|$. Für $a < 0$ ist der Graph zusätzlich an der x-Achse gespiegelt.
  - b steht für eine Streckung oder Stauchung in Richtung der ______________ mit dem Faktor $|\frac{1}{b}|$. Für $b < 0$ ist der Graph zusätzlich an der y-Achse gespiegelt.
  - c steht für eine Verschiebung in Richtung der x-Achse.
  - d steht für eine Verschiebung in Richtung der ______________

▶ **Auftrag:** Ergänze die Sätze.

Aufgaben

1 Beschrifte jeweils zuerst die gegebenen Graphen. Zeichne danach die fehlenden Graphen ein.
Zusatzaufgabe: Zeichne diese und weitere Graphen der jeweiligen Form mit dynamischer Geometriesoftware.

a) $f(x) = \sin(x)$ und Funktionen der Form $g(x) = a \cdot \sin(x)$

$g_1(x) = 0{,}5 \cdot \sin(x)$ $g_2(x) = -2 \cdot \sin(x)$
$g_3(x) = 2 \cdot \sin(x)$ $g_4(x) = -0{,}5 \cdot \sin(x)$

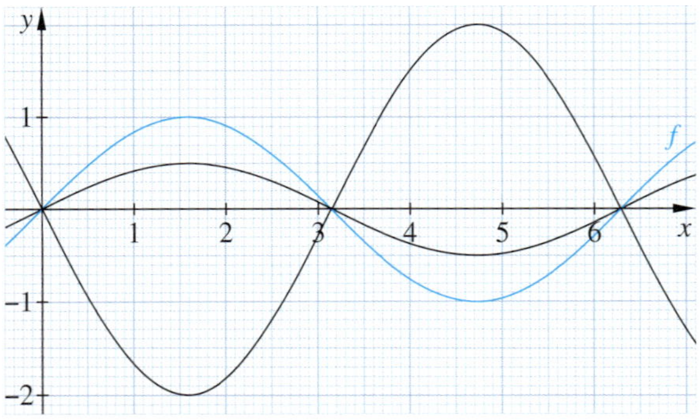

b) $f(x) = \sin(x)$ und Funktionen der Form $g(x) = \sin(b \cdot x)$

$g_1(x) = \sin(0{,}5 \cdot x)$ $g_2(x) = \sin(-0{,}5 \cdot x)$
$g_3(x) = \sin(2 \cdot x)$ $g_4(x) = \sin(-2 \cdot x)$

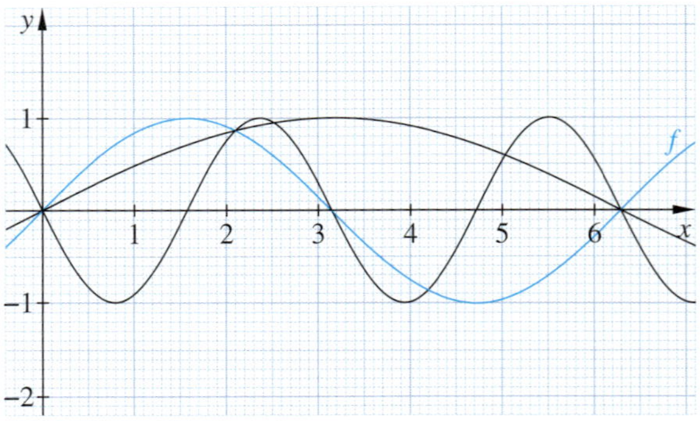

c) $f(x) = \sin(x)$ und Funktionen der Form $g(x) = \sin(x - c) + d$

$g_1(x) = \sin(x) + 0{,}5$ $g_2(x) = \sin(x - 0{,}5) - 1$
$g_3(x) = \sin(x + 0{,}5) - 2$ $g_4(x) = \sin(x + 2) + 2$

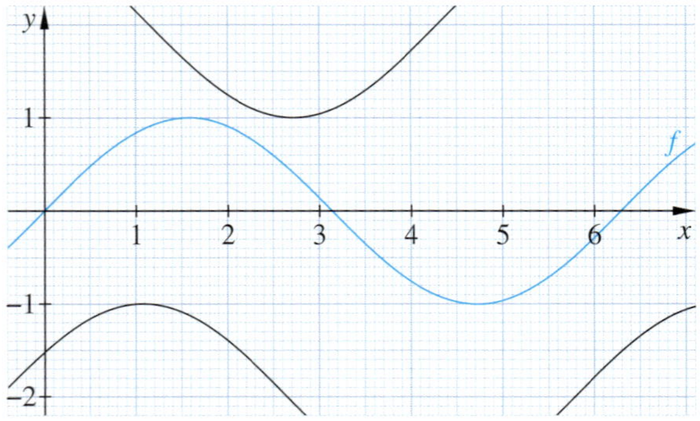

d) $f(x) = \sin(x)$ und Funktionen der Form $g(x) = a \cdot \sin(x) + d$

$g_1(x) = 0{,}5 \cdot \sin(2 \cdot x) - 1{,}5$ $g_2(x) = 1{,}5 \cdot \sin(2 \cdot x) + 0{,}5$
$g_3(x) = 0{,}5 \cdot \sin(2 \cdot x) + 1$ $g_4(x) = 2 \cdot \sin(0{,}5 \cdot x) - 1{,}5$

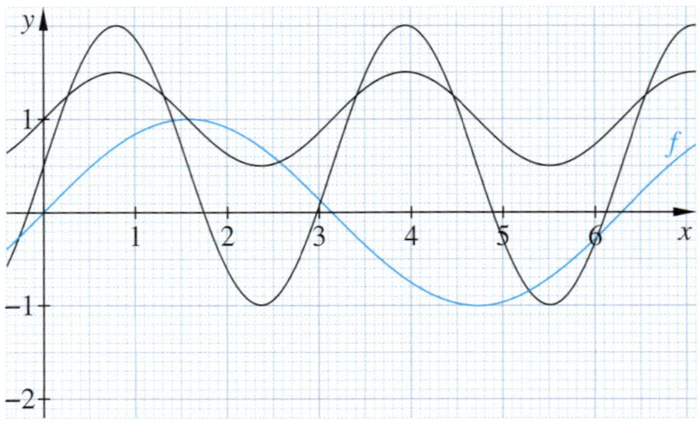

2 Im folgenden Diagramm ist die Bewegung des Pendels einer Uhr dargestellt.
Vor der ersten Schwingung befindet sich das Pendel in der Mitte in Ruhestellung.

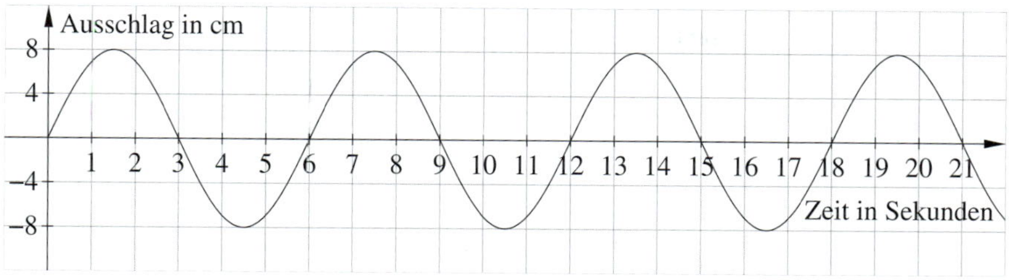

a) Wie groß ist der Zeitabstand zwischen den Maximalausschlägen des Pendels?

___

b) Wie viele Schwingungen finden pro Stunde statt?

___

___

c) Gib eine passende Funktionsgleichung an.

___

3 Kreuze alle Vorgänge an, die im Alltag annähernd periodisch sind.

☐ Bewegung des Schaukelbretts bei fünf Minuten langem gleichmäßigem Schaukeln eines Kindes

☐ Veränderung des Wasserstands bei Ebbe und Flut im Verlauf eines Jahres

☐ Veränderung der Länge der Nacht (Dunkelheit) im Verlauf von drei Jahren

☐ Auftreten von Staus auf einer Straße im Verlauf von fünf Jahren

☐ Veränderung des Kontostandes im Verlauf von zehn Jahren

☐ Auftreten von Sternbildern an einem Teil des Himmels im Verlauf von zehn Jahren

☐ Auftreten gleicher Mondphasen im Verlauf von fünf Jahren

4 Ergänze die entsprechenden Funktionsgleichungen.
Hinweis: Skizziere die Graphen der Funktionen auf einem zusätzlichen Blatt Papier oder mit dynamischer Geometriesoftware.

	Der Graph der Funktion $h(x) = x^2 \ldots$	Der Graph der Funktion $k(x) = \sin(x) \ldots$
wurde an der x-Achse gespiegelt		
wurde an der y-Achse gespiegelt		
wurde zuerst an der x-Achse und danach an der y-Achse gespiegelt		
wurde in y-Richtung um -5 verschoben		
wurde in x-Richtung um 4 nach rechts verschoben		
wurde in x-Richtung um -2 und um -7 in y-Richtung verschoben		

Reelle Zahlen und Intervallschachtelung

▶ Wissen

- Mithilfe der Intervallschachtelung kann man beliebig genaue Näherungswerte ermitteln.

  Beispiel: Ermitteln von Näherungswerten für $\sqrt{2}$

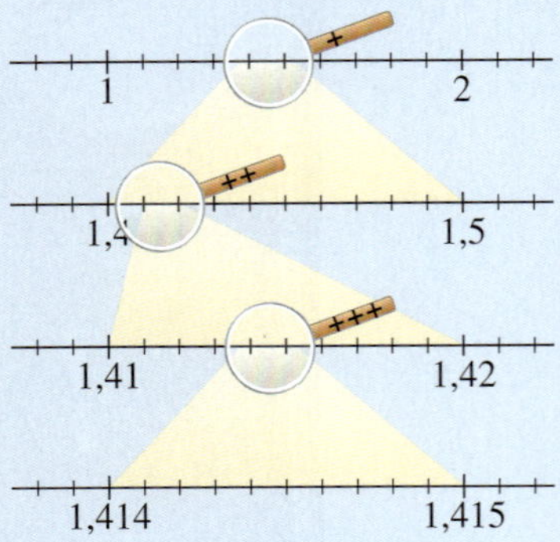

$1 < \sqrt{2} < 2$, denn $1^2 < 2 < 2^2$.

$1{,}4 < \sqrt{2} < 1{,}5$, denn $1{,}4^2 < 2 < 1{,}5^2$.

$1{,}41 < \sqrt{2} <$ ______, denn $1{,}41^2 < 2 < 1{,}42^2$.

$1{,}414 < \sqrt{2} <$ ______, denn $1{,}414^2 < 2 < 1{,}415^2$.

- Alle irrationalen und rationalen Zahlen bilden zusammen die Menge der reellen Zahlen. Irrationale Zahlen sind nichtperiodische Dezimalzahlen mit unendlich vielen Nachkommastellen.

  Beispiel: $\sqrt{2} = 1{,}414\,213\,562\,373\,095\,048\,801\,688\,724\,209\,698\,078\,569\,671\,875\,376\,9\ldots$

▶ Auftrag: Ergänze die Intervallschachtelung.

Aufgaben

1 Zwischen welchen benachbarten natürlichen Zahlen liegt die Zahl?
Hinweis: Die Zahlen sind ohne Taschenrechner zu ermitteln.

a) ___ $< \sqrt{30} <$ ___ b) ___ $< \sqrt{40} <$ ___ c) ___ $< \sqrt{50} <$ ___

___ $< \sqrt{61} <$ ___ ___ $< \sqrt{72} <$ ___ ___ $< \sqrt{83} <$ ___

___ $< \sqrt{12{,}6} <$ ___ ___ $< \sqrt{78{,}6} <$ ___ ___ $< \sqrt{411{,}7} <$ ___

2 Ermittle mithilfe der Intervallschachtelung Näherungswerte wie oben im „Wissen“ stellenweise.
Hinweis: Probiere mit dem Taschenrechner. Nutze dabei nur die Taste zum Quadrieren.

a) ___ $< \sqrt{3} <$ ___ b) ___ $< \sqrt{17} <$ ___ c) ___ $< \sqrt{34} <$ ___

___ $< \sqrt{3} <$ ___ ___ $< \sqrt{17} <$ ___ ___ $< \sqrt{34} <$ ___

___ $< \sqrt{3} <$ ___ ___ $< \sqrt{17} <$ ___ ___ $< \sqrt{34} <$ ___

d) ___ $< \sqrt{82} <$ ___ e) ___ $< \sqrt{6{,}9} <$ ___ f) ___ $< \sqrt{0{,}4} <$ ___

___ $< \sqrt{82} <$ ___ ___ $< \sqrt{6{,}9} <$ ___ ___ $< \sqrt{0{,}4} <$ ___

___ $< \sqrt{82} <$ ___ ___ $< \sqrt{6{,}9} <$ ___ ___ $< \sqrt{0{,}4} <$ ___

3 Kreuze alle passenden Zahlen an.

a) Zur Menge der irrationalen Zahlen gehören …

☐ -7 ☐ 7^2 ☐ $\sqrt{7}$ ☐ $1{,}\overline{7}$ ☐ $\sqrt{0{,}09}$ ☐ $\sqrt{9}$ ☐ $\sqrt{11}$ ☐ $1\frac{1}{66}$

b) Zur Menge der reellen Zahlen gehören …

☐ -7 ☐ 7^2 ☐ $\sqrt{7}$ ☐ $1{,}\overline{7}$ ☐ $\sqrt{0{,}09}$ ☐ $\sqrt{9}$ ☐ $\sqrt{11}$ ☐ $1\frac{1}{66}$

4 Schreibe die Zahlen in die passenden Bereiche.

$\frac{1}{10}$; $-\sqrt{\frac{1}{100}}$; $-0{,}2$; $0{,}2\overline{6}$; $-0{,}2\overline{6}$; $\sqrt{0{,}04}$; $\sqrt{2}$; $\sqrt{25}$; -5; $\sqrt{5}$; 10; -10; $\sqrt{11}$; 1 Mio.; −1 Mio.

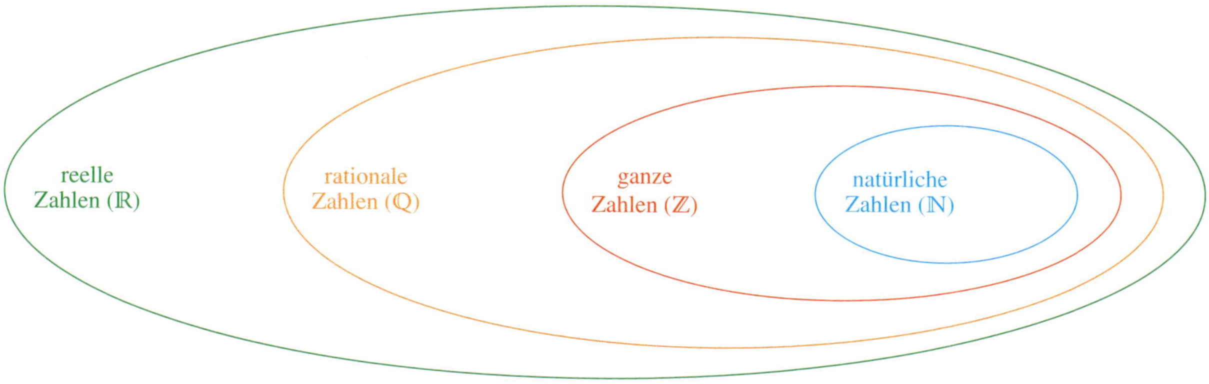

5 Das Heron-Verfahren ist ein Näherungsverfahren zur Ermittlung von Quadratwurzeln.
Folgende Gesetzmäßigkeiten werden dabei genutzt.

- Der Wert der Wurzel aus dem Flächeninhalt eines Quadrates liegt immer zwischen den Werten der Längen beider Seiten eines flächeninhaltsgleichen Rechtecks.
- Kennt man eine Seitenlänge des Rechtecks, so kann man die andere berechnen.
- Der Mittelwert aus beiden Seitenlängen liegt näher an der Wurzel.
  Nimmt man diesen Wert als Länge, so kann man die Wurzel immer weiter annähern.

Beispiel: Ermitteln von Näherungswerten für $\sqrt{3}$

Anfangswert	für die Länge des Rechtecks:	3 cm
	Wert für die Breite des Rechtecks:	$3\,cm^2 : 3\,cm = 1\,cm$
1. Näherung	für die Länge des Rechtecks:	$(3\,cm + 1\,cm) : 2 = 2\,cm$
	Wert für die Breite des Rechtecks:	$3\,cm^2 : 2\,cm = 1{,}5\,cm$
2. Näherung	für die Länge des Rechtecks:	$(2\,cm + 1{,}5\,cm) : 2 = 1{,}75\,cm$
	Wert für die Breite des Rechtecks:	$3\,cm^2 : 1{,}75\,cm = 1{,}714\ldots\,cm$

$\sqrt{3} = 1{,}7\ldots$

a) Zeichne rechts daneben zum Anfangswert und zu beiden Näherungen die passenden Rechtecke im Maßstab 1 : 1.

b) Ermittele mithilfe des Heron-Verfahrens Näherungswerte für $\sqrt{17}$.
Zusatzaufgabe: Wähle einen Anfangswert, mit dem man mit wenigen Näherungen $\sqrt{17}$ sehr nahe kommt.

Anfangswert	für die Länge des Rechtecks:	______________
	Wert für die Breite des Rechtecks:	______________
1. Näherung	für die Länge des Rechtecks:	______________
	Wert für Breite des Rechtecks:	______________
2. Näherung	für die Länge des Rechtecks:	______________
	Wert für Breite des Rechtecks:	______________

$\sqrt{17} =$ ________

Zahlenfolgen

▶ Wissen

- Zahlenfolgen gehorchen einer Bildungsvorschrift. Sie werden oft mit a_n bezeichnet ($n \in \mathbb{N}, n \geq 1$).
- Nähern sich die Folgenglieder beliebig genau an eine Zahl g an, dann ist die Zahlenfolge konvergent. Die Zahl g ist der Grenzwert der Zahlenfolge. Man schreibt kurz: $\lim\limits_{n \to \infty} a_n = g$.

Beispiel: $a_n = 1 + \frac{8}{n}$ $\lim\limits_{n \to \infty} (1 + \frac{8}{n}) = 1$

n	1	2	3	4	7	80
a_n			3, 6		2,14	

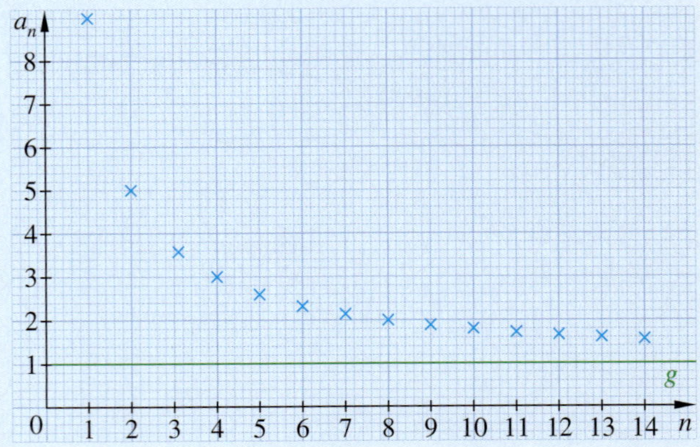

▶ Auftrag: Ergänze in der Tabelle die fehlenden Folgenglieder der Zahlenfolge $a_n = 1 + \frac{8}{n}$.

Aufgaben

1 Gib jeweils die Folgenglieder an.

a) Folge der geraden Zahlen

n	1	2	3	4	5	6	7	8
a_n								

b) Folge der Quadratzahlen

n	1	2	3	4	5	6	7	8
a_n								

c) Folge der Primzahlen

n	1	2	3	4	5	6	7	8
a_n								

d) Folge der Summe beider vorangegangener Zahlen

n	1	2	3	4	5	6	7	8
a_n	1	1						

2 Folgenglieder und Punkte im Koordinatensystem

a) Trage jeweils passende Punkte ins Koordinatensystem ein.
Hinweis: Verwende für jede Folge eine andere Farbe.

① $a_n = 1 + 0{,}2 \cdot n$

n	1	2	3	4	5	6	7
a_n							

② $a_n = 3 + \frac{1}{n}$

n	1	2	3	4	5	6	7
a_n							

③ $a_n = 0{,}5n + (-1)^n$

n	1	2	3	4	5	6	7
a_n							

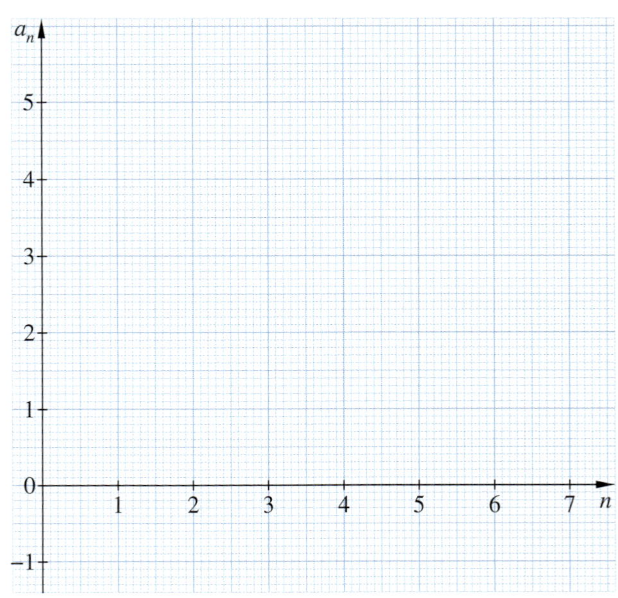

b) Markiere die konvergente Zahlenfolge.
Hinweis: Zeichne eine Gerade ein.

3 Die Folgen sind konvergent.
Ergänze jeweils fehlende Angaben.

① $\lim\limits_{n \to \infty} (100 + \frac{100}{n}) =$ ______

n	10	25	50	100	400
a_n					

② $\lim\limits_{n \to \infty} (3\,000 \cdot 0{,}8^n) =$ ______

n	10	25	50	100	200
a_n					

③ $\lim\limits_{n \to \infty} \left(50 + \frac{1}{n^2}\right) =$ ______

n					
a_n					

④ $\lim\limits_{n \to \infty} \left(\frac{1}{0{,}01\,n} + 20\right)^2 =$ ______

n					
a_n					

⑤ $\lim\limits_{n \to \infty} ($ ______ $+ \frac{1\,000}{n}) = 300$

n	100	200	400	1 000	10 000
a_n			302,5		

⑥ $\lim\limits_{n \to \infty} (250 -$ ______ $) = 250$

n	100	400	1 000	10 000	10 000
a_n			240		

4 ① ② ③ ④

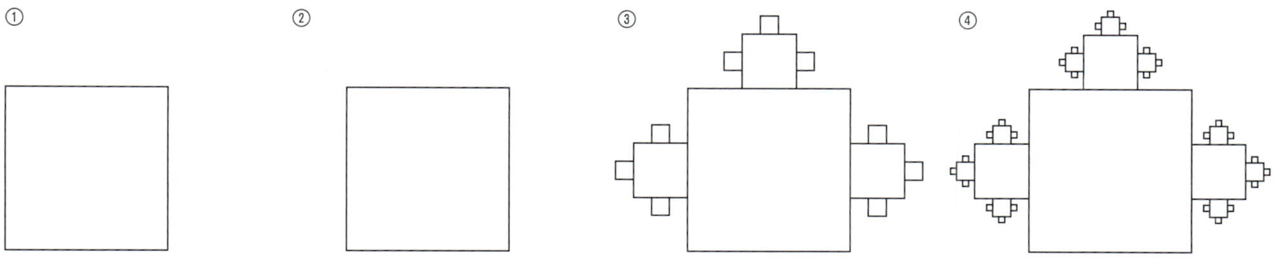

a) Vervollständige die zweite Figur passend zur Bildungsvorschrift.

b) Kreuze alle passenden Bildungsvorschriften für $n \geq 2$ an.
Hinweis: Das erste Quadrat hat die Seitenlänge 1.

① Umfang der Figur:

☐ $a_{n+1} = a_n + 3$ ☐ $a_{n+1} = a_n + 2$

☐ $a_n = 4 + 2n$ ☐ $a_n = 4 + 3n$

② Flächeninhalt der Figur:

☐ $a_{n+1} = a_n + \left(\frac{1}{3}\right)^{n+1}$ ☐ $a_{n+1} = a_n + 3^{n+1}$

☐ $a_n = \frac{3}{2} - \frac{1}{2}\left(\frac{1}{3}\right)^n$ ☐ $a_n = \frac{3}{2}\left(1 - \left(\frac{1}{3}\right)^{n+1}\right)$

c) Gib, wenn möglich, den Grenzwert g für $n \to \infty$ an.

① Umfang der Figur: $g =$ ______

② Flächeninhalt der Figur: $g =$ ______

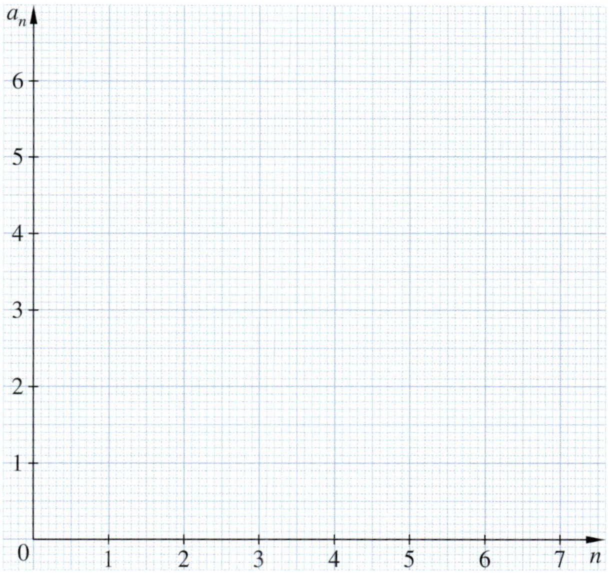

5 Gib eine Bildungsvorschrift zum Ergänzen beliebig vieler Ziffer der irrationalen Zahl an.

0,1 12 123 1234 12345 ______________________________

____

____

Kapitel **Vierfeldertafeln**

1 Vervollständige die Vierfeldertafeln.

	Produkt A	Produkt B	insgesamt
Jungen	85	95	
Mädchen	124	96	
insgesamt			

	krank	gesund	insgesamt
Ergebnis positiv		2%	96%
Ergebnis negativ			
insgesamt	97%	3%	

2 Eine Firma hat einen Lügendetektortest entwickelt und seine Zuverlässigkeit an 3000 Personen überprüft. Es wurde festgestellt, dass mit dem Detektor 702 Lügner als Lügner erkannt wurden. 198 Personen, die im Test keine Lügner waren, wurden vom Detektor als keine Lügner erkannt. Laut Detektor waren unter den Personen 900 Lügner. In Wirklichkeit gab es 912 Lügner.

a) Ergänze die Vierfeldertafeln.

Vierfeldertafel mit absoluten Häufigkeiten

	Lügner laut Detektor		
Lügner in Wirklichkeit			

Vierfeldertafel mit relativen Häufigkeiten in Prozent

	Lügner laut Detektor		
Lügner in Wirklichkeit			

b) Eine Person bekommt das Urteil: Lügner.
Ermittle mithilfe eines Baumdiagramms, mit welcher Wahrscheinlichkeit er ein Lügner und mit welcher Wahrscheinlichkeit er kein Lügner ist.
Bewerte dein Ergebnis mit einer der Vierfeldertafeln bei Teilaufgabe **a**.

P(„Lügner stimmt.“) = ____________________

____

P(„Lügner stimmt nicht.“) = ____________________

____

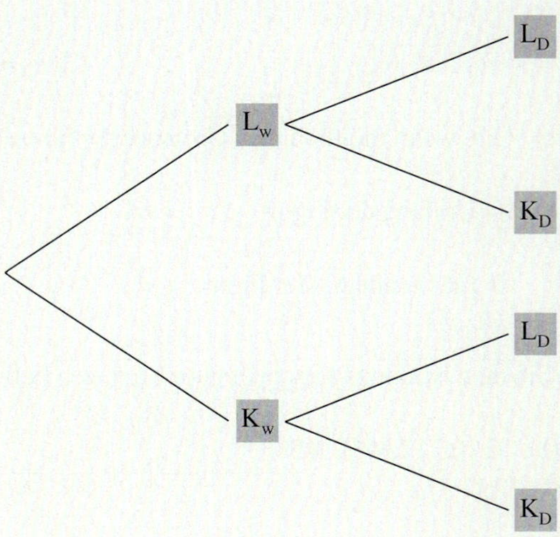

Kapitel Potenzen

1 Schreibe als Dezimalzahl.

a) $6 \cdot 10^4 =$ ______ **b)** $1{,}257 \cdot 10^5 =$ ______ **c)** $2 \cdot 10^{-4} =$ ______ **d)** $1{,}36 \cdot 10^{-3} =$ ______

2 Gib jeweils das Ergebnis an. Überprüfe es durch Potenzieren.
Hinweis: Arbeite ohne Taschenrechner.

a) $\sqrt[3]{0{,}000\,001} =$ ______ , denn ______ **b)** $\sqrt[4]{0{,}0081} =$ ______ , denn ______

c) $\sqrt[2]{1{,}21} =$ ______ , denn ______ **d)** $\sqrt[5]{0{,}000\,32} =$ ______ , denn ______

3 Gib die Größenangaben in Zehnerpotenzschreibweise in den gegebenen Einheiten an.

a) Masse der Erde

6 000 000 000 000 000 000 000 000 t = ______ t = ______ dt = ______ kg

b) Dicke eines Haares von Tim

0,06 mm = ______ mm = ______ cm = ______ m = ______ km

4 Gib den Unterschied von einer Million zu einer Milliarde in Zehnerpotenzschreibweise an. ______

5 Vereinfache, wenn möglich.
Welche Werte können die Variablen annehmen?

a) $\sqrt{121\,a^2 b} \cdot \sqrt{16\,b} =$ ______

b) $\sqrt{\frac{b^2 - 4}{b^2}} =$ ______

6 5 000 € werden zu einen Zinssatz von 6,5 % p. a. für 10 Jahre als Festgeld mit Zinseszins angelegt.
Stelle eine passende Formel auf. Ermittle damit den Betrag, der am Ende des letzten Jahres ausgezahlt wird.

______

______

7 Rote Würfel werden nach den Kantenlängen in Holzkisten einsortiert.
Es wird unterschieden nach Würfel mit 1 cm, 2 cm, 3 cm, 4 cm, 5 cm …
lange Kanten.

a) Welche Kisten kommen für einen $75\,\text{cm}^3$ großen Würfel infrage?

______

______

______

b) Präzisiere die Regel für das Sortieren so, dass jeweils nur eine Kiste infrage kommt.

______

______

Kapitel Exponentielle Zusammenhänge

1 Lineares und exponentielles Wachstum

①

n	0	1	2	3	4
$B(n)$	2	2,25	2,5		

②

n	0	1	2	3	4
$B(n)$	1	1,4	1,96		

③

n	0	1	2	3	4
$B(n)$			0,75	0,375	0,1875

④

n	0	1	2	3	4
$B(n)$			2,5	1,75	1

a) Ermittle jeweils die fehlenden Werte und trage jeweils alle fünf Punkte im Koordinatensystem ein.

b) Ordne die Gleichungen den Tabellen zu und den Graphen. Gib jeweils die Art des Wachstums an.

$B(n) = 1{,}4^n$ ________

____

$B(n) = 2 + 0{,}25x$ ________

____

$B(n) = 3 \cdot 0{,}5^n$ ________

____

$B(n) = 4 - 0{,}75x$ ________

____

2 5 000 € werden zu einen Zinssatz von 6,5 % p. a. für 10 Jahre als Festgeld mit Zinseszins angelegt.
Stelle eine passende Formel auf. Ermittle damit den Betrag, der am Ende des 10-ten Jahres ausgezahlt wird.

____

____

3 „Schneide" jeweils gleichseitige Dreiecke mit halb so langen Seiten heraus.

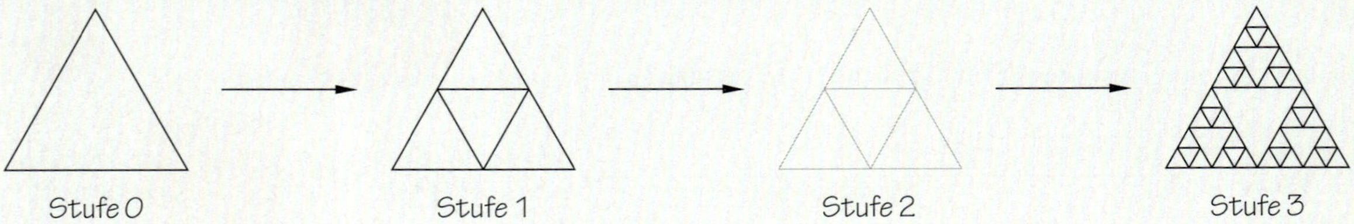

a) Zeichne die Figur zur Stufe 2 und ergänze die Tabelle.

	Stufe 0	Stufe 1	Stufe 2	Stufe 3
Flächeninhalt der restlichen Figur	1			

b) Gib eine Formel zur Berechnung des Flächeninhalts A in der n-ten Stufe an. ________

Kapitel Kreisberechnungen

1 Ergänze die fehlenden Angaben.

Münzen	Radius	Durchmesser	Umfang	Flächeninhalt
2€	12,875 mm			
1€				425 mm^2
50 ct			7,62 cm	

2 Ermittle jeweils Umfang und Flächeninhalt der Figuren.

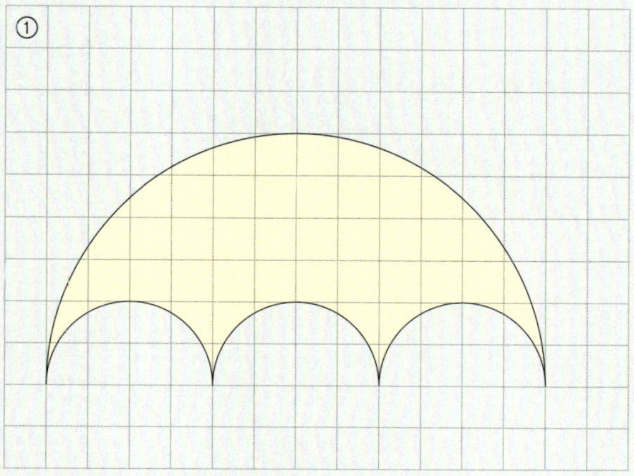

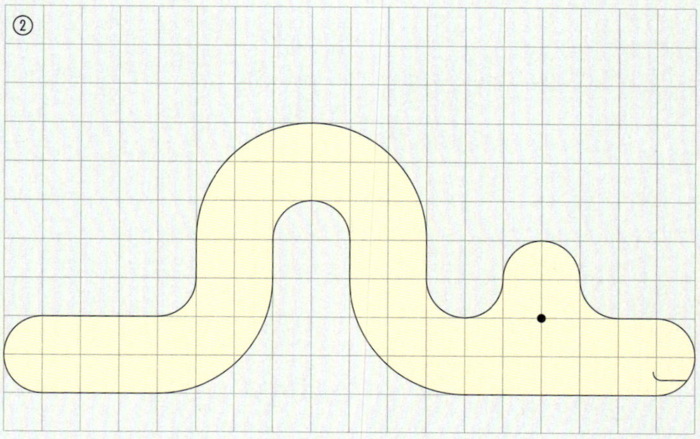

Umfang von Figur ①:

Flächeninhalt von Figur ①:

Umfang von Figur ②:

Flächeninhalt von Figur ②:

3 Eine Wendeltreppe besteht aus 19 Stufen, die 20 cm hoch sind. Bei einer Renovierung sollen die Trittflächen nachlackiert werden.
Ein dünner durchgehender Lichtschlauch wird nachträglich am Außenrand zur Beleuchtung angebaut.

a) Wie groß ist die zu lackierende Fläche?

b) Wie viel Meter Lichtschlauch werden benötigt?

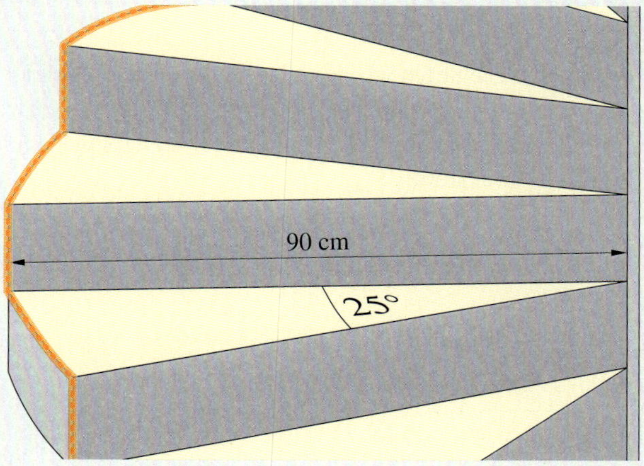

Kapitel **Körperberechnungen**

1 Streiche alle Zeichnungen durch, die keine Netze von Körpern darstellen.
Ermittle den Oberflächeninhalt der drei Körper zu den Netzen.
Entnimm die Maße der Zeichnung.

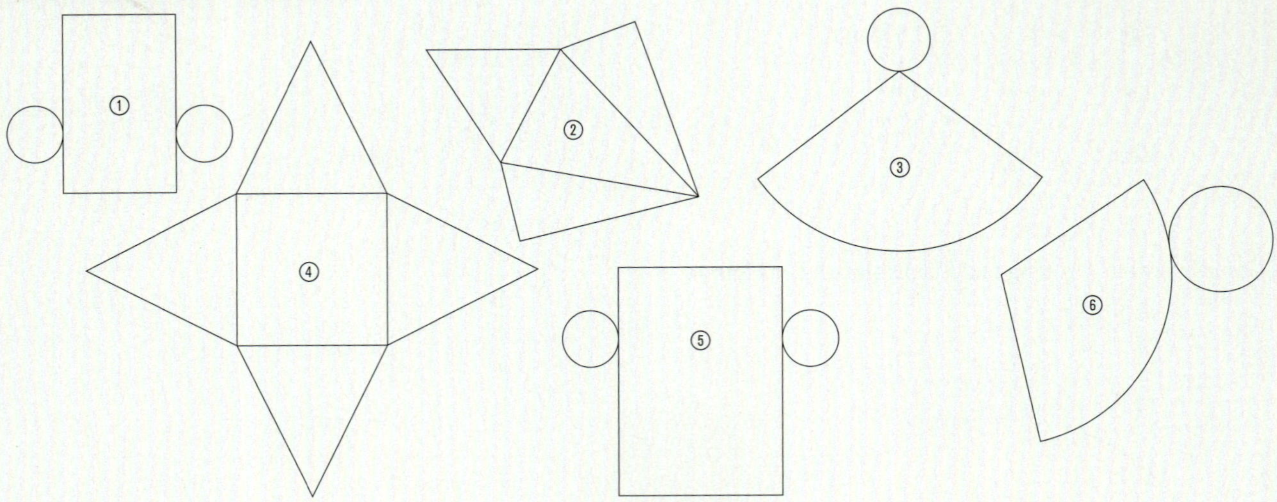

2 Entscheide, ob die Angaben sinnvoll sind. Wenn ja, ergänze die Größenangaben in der Tabelle.
Hinweis: Rechne gegebenenfalls auf einem zusätzlichen Blatt.

	Flächeninhalt der Grundfläche	Oberflächeninhalt	Volumen
6 cm hoher Zylinder mit einem Durchmesser von 3 cm			
6 cm hoher Kegel mit einem Grundflächenradius von 4 cm			
6 cm hohe Pyramide mit quadratischer Grundfläche mit 5 cm langen Seiten			
Kugel mit 6 cm Durchmesser			

3 In einigen Geschäften wurden für Kunden Wasserspender aufgestellt. Um zu verhindern, dass volle Becher in den Regalen abgestellt werden, verwendet man kegelförmige Gefäße aus Papier. Ein Becher mit einem Durchmesser von 8 cm fasst maximal ca. 0,15 l Wasser. Berechne seine Höhe.

Kapitel Periodische Vorgänge

1 Eine Turmuhr hat einen 40 cm langen Stundenzeiger und einen 50 cm langen Minutenzeiger.

a) In der folgenden Tabelle wird den Minuten nach 00:00 Uhr jeweils die Höhe der Spitze der Minutenzeigers über bzw. unter der Geraden durch „IX“ und „III“ zugeordnet. Vervollständige die Tabelle.

Zeit in min	0	10	15	20	30	40	45	50	60	75	90	105
Höhe in cm	50				–50							

b) Fertige eine entsprechende Tabelle für den Stundenzeiger an.

Zeit in h	0	2		4	6	8		10	12		18	21
Höhe in cm			0				0			0		

c) Zeichne in das Koordinatensystem zwei Graphen, welche die Zeit-Höhe-Zuordnungen für die beiden Zeiger darstellen. Beachte die Einteilung auf der Zeitachse!

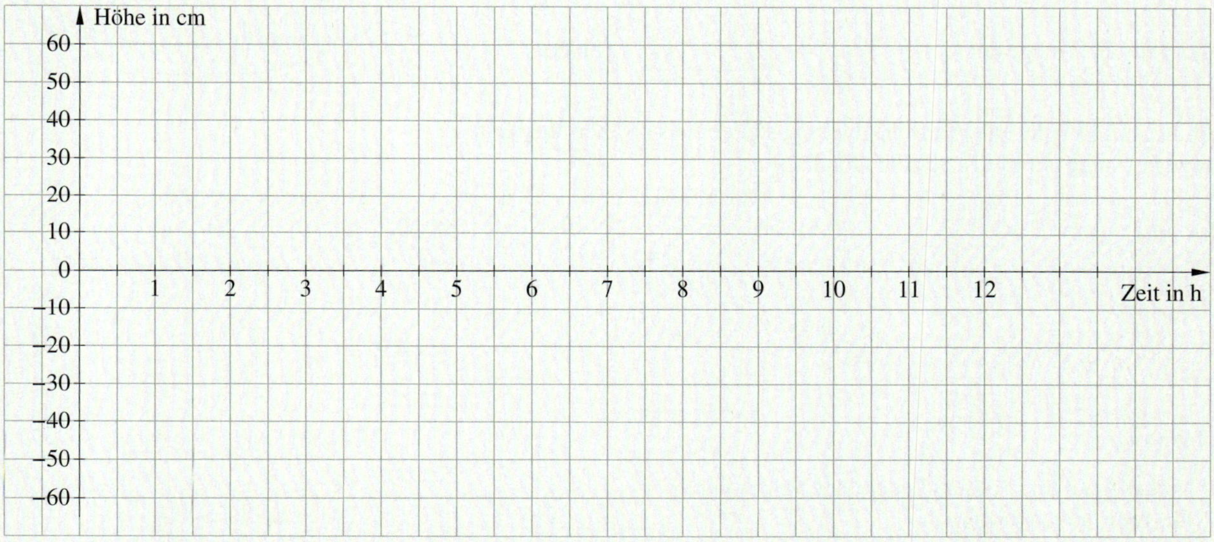

d) Stelle die Funktionsgleichungen zu beiden Zeigern in der Form $f(x) = a \cdot \sin(b \cdot (x - c)) + d$ dar, wobei x die Zeit in Stunden angibt.

____

____

2 Nenne Eigenschaften folgender Funktionsgraphen.

	$f(x) = \sin(x)$	$g(x) = \cos(x)$	$h(x) = 6 \cdot \sin(4 \cdot (x - 2) + 3)$
Amplitude			
Periodenlänge			

Kapitel **Zahlbereiche und Grenzprozesse**

1 Kreuze Zutreffendes an.

① Irrationale Zahlen lassen sich durch keinen Bruch darstellen.	☐ wahr	☐ falsch
② Irrationale Zahlen haben unendlich viele Nachkommastellen.	☐ wahr	☐ falsch
③ Irrationale Zahlen sind manchmal periodisch.	☐ wahr	☐ falsch
④ Irrationale Zahlen sind beispielsweise π und $\sqrt{2}$.	☐ wahr	☐ falsch
⑤ Irrationale Zahlen und rationale Zahlen sind reelle Zahlen.	☐ wahr	☐ falsch

2 Ergänze zuerst die Sätze.
Veranschauliche danach in dem Mengendiagramm die Beziehungen von vier Zahlbereichen.

$\mathbb{N}$ steht für die Menge der ____________________ Zahlen.

$\mathbb{Z}$ steht für die Menge der ____________________ Zahlen.

$\mathbb{R}$ steht für die Menge der ____________________ Zahlen.

$\mathbb{Q}$ steht für die Menge der ____________________ Zahlen.

$\mathbb{I}$ steht für die Menge der ____________________ Zahlen.

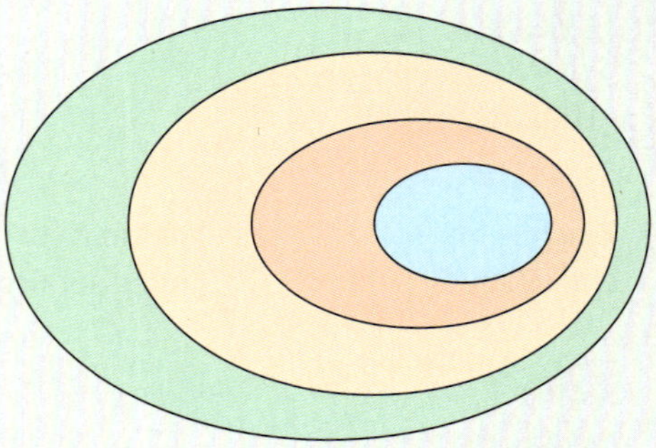

3 Ermittle mithilfe der Intervallschachtelung stellenweise Näherungswerte.
Hinweis: Nutze nur die Taste zum Quadrieren.

a) ______ $< \sqrt{23} <$ ______

______ $< \sqrt{23} <$ ______

______ $< \sqrt{23} <$ ______

b) ______ $< \sqrt{0{,}7} <$ ______

______ $< \sqrt{0{,}7} <$ ______

______ $< \sqrt{0{,}7} <$ ______

4 Zahlenfolgen

a) Veranschauliche Folgenglieder der Zahlenfolgen im Koordinatensystem.
Gib, wenn möglich, den Grenzwert für $n \to \infty$ an.

① $a_n = -\frac{3}{n}$ $\quad \lim\limits_{n \to \infty} \left(-\frac{3}{n}\right) =$ ______

② $a_n = -3 + \frac{1}{n}$ $\quad \lim\limits_{n \to \infty} \left(-3 + \frac{1}{n}\right) =$ ______

③ $a_n = -3n^2$ $\quad \lim\limits_{n \to \infty} (-3n^2) =$ ______

④ $a_n = 3 - \left(\frac{1}{3}\right)^n$ $\quad \lim\limits_{n \to \infty} \left(3 - \left(\frac{1}{3}\right)^n\right) =$ ______

b) Gib eine Zahlenfolge an, für die gilt

1. $-10 \le a_n \le -8$ und
2. $\lim\limits_{n \to \infty} (a_n) = -9$.

____

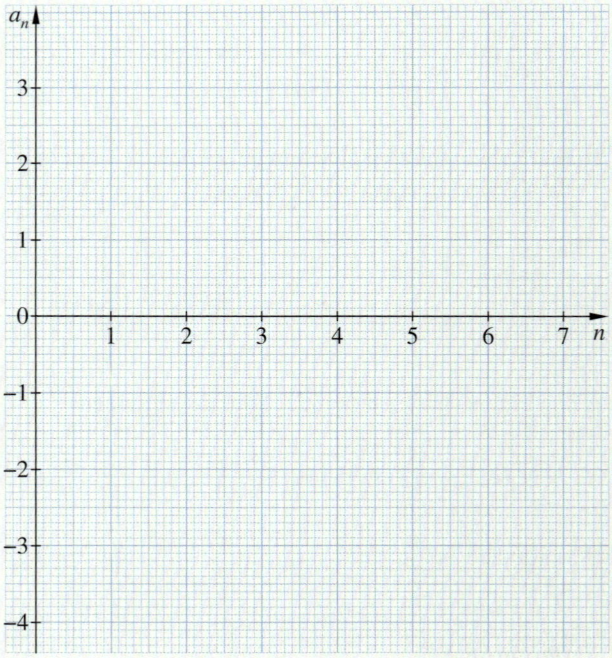

Jahrgangsstufentest

1 Vereinfache die Terme.

a) $7x \cdot 7 \cdot x \cdot x \cdot x^3 =$ ______ b) $y^7 : y^{-5} =$ ______ c) $\frac{z^5 \cdot x^5}{x^3} =$ ______ d) $(x^2)^7 - x^{10} =$ ______

2 Berechne ohne Taschenrechner.

a) $\sqrt{2} \cdot \sqrt{32} =$ ______ b) $\sqrt[3]{7^6} =$ ______ c) $\frac{\sqrt[4]{32}}{\sqrt[4]{2}} =$ ______ d) $\sqrt[2]{\sqrt[3]{64}} =$ ______

3 Verzinsung mit und ohne Zinseszins

① $K(n) = K(0) \cdot \left(1 + \frac{p}{100}\right)^n$

② $K(n) = K(n-1) \cdot \left(1 + \frac{p}{100}\right)^n$

③ $K(n) = K(0) + n \cdot K(0) \cdot \frac{p}{100}$

④ $K(n) = K(n-1) + K(0) \cdot \left(\frac{p}{100}\right)$

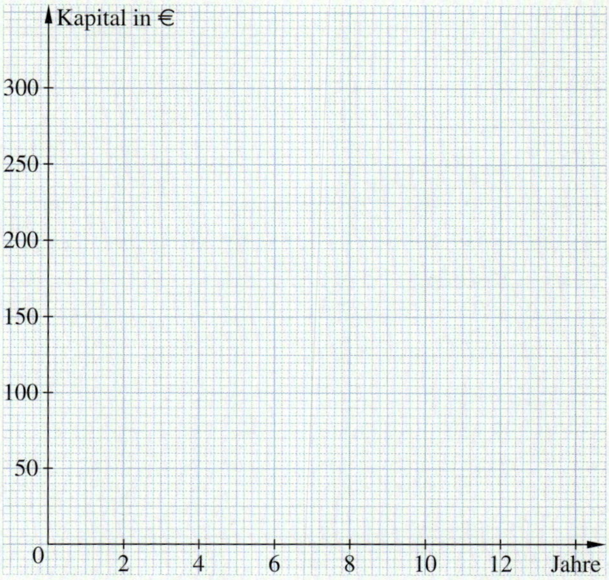

a) Ergänze die Sätze.

$K(0)$ steht für das ______________________

$K(n)$ steht für das ______________________

n steht für die ______________________

$\frac{p}{100}$ steht für den ______________________

b) Stell dir vor: 100 € Schulden werden 15 Jahre zu einem Zinssatz von 8 % p. a. verzinst
Veranschauliche die Entwicklung der Schulden bei Verzinsung mit und ohne Zinseszins im Koordinatensytem.

c) Betrachte die obigen Formeln und kreuze Zutreffendes an.

Verzinsung mit Zinseszins	☐ ①	☐ ②	☐ ③	☐ ④
Verzinsung ohne Zinseszins	☐ ①	☐ ②	☐ ③	☐ ④
lineares Wachstum	☐ ①	☐ ②	☐ ③	☐ ④
exponentielles Wachstum	☐ ①	☐ ②	☐ ③	☐ ④

4 Familie Krüger hat einen dünnwandigen zylinderförmigen Pool mit 3 m Durchmesser und einer Höhe von 80 cm.

a) Wie viele Quadratmeter beträgt die Stellfläche des Pools?

____

b) Die seitliche Wand des Pools entsteht aus einem Rechteck. Zwei gegenüberliegende Seiten berühren einander. Gib dessen Maße des Rechtecks an.

____

c) Wie viel Liter Wasser sind im Pool, wenn das Wasser 70 cm hoch steht?

____

5 Berechne den Umfang und den Flächeninhalt der Figur.

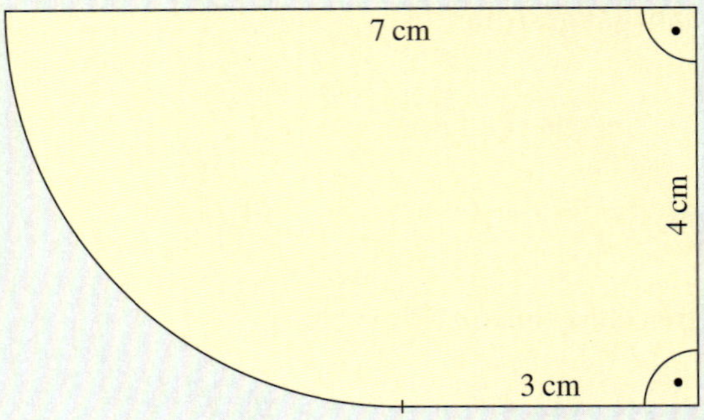

___

___

___

___

6 Im Koordinatensystem ist der Graph der Sinusfunktion vorgegeben.
Zeichne die Graphen folgender Funktionen in das Koordinatensystem ein. $f(x) = 2\sin(x)$ $g(x) = \sin(2x)$

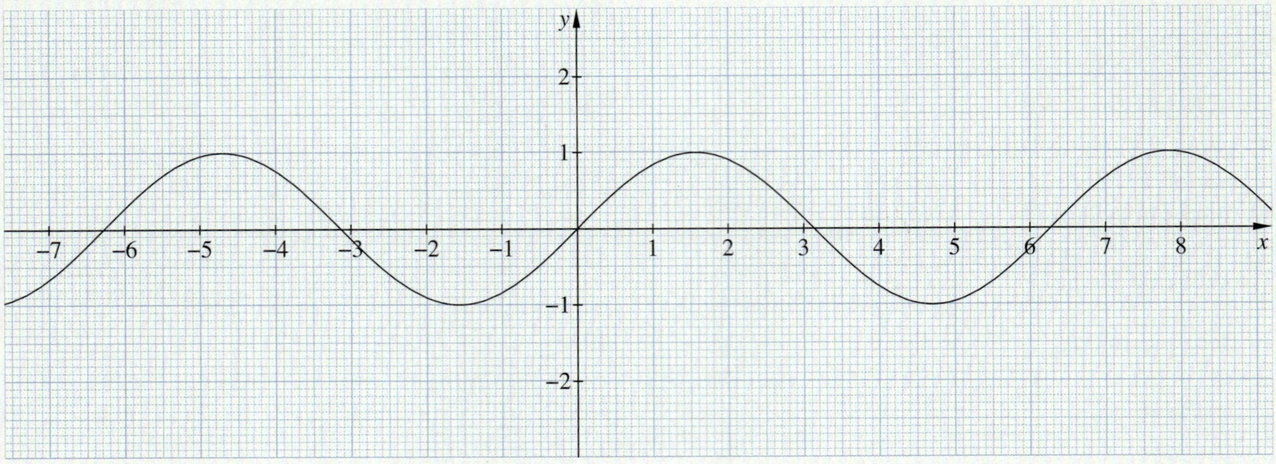

7 Trage die Buchstaben der gesuchten Wörter in die Kästchen ein.
Wenn alles richtig ist, ergibt sich ein Lösungswort.

1. Betrachtet man bei einer Datenerhebung zwei Merkmale, für die es jeweils zwei Möglichkeiten gibt, so lassen sich die Häufigkeiten übersichtlich in einer … darstellen.
2. Bei der … Berechnungen eines Bestandes wird der Bestand des vorherigen Zeitpunkts verwendet.
3. Die Folge $a_n = \frac{1}{n}$ hat den … 0.
4. Irrationale Zahlen kann man nicht als … darstellen.
5. Die Mantelfläche und die Grundflächen bilden die Oberfläche eines …
6. Das Volumen eines … ist das Produkt vom Flächeninhalt der Grundfläche und der Höhe des Körpers.
7. Jede Potenz hat einen …
8. π nennt man auch …
9. Unter dem Wurzelzeichen ist der …
10. Der kleinste Abstand, in dem sich alle Werte wiederholen, heißt …
11. Die Größe eines Winkels kann im … angegeben werden.
12. Jeder Kreis hat einen …
13. Den Grenzwert nennt man auch …

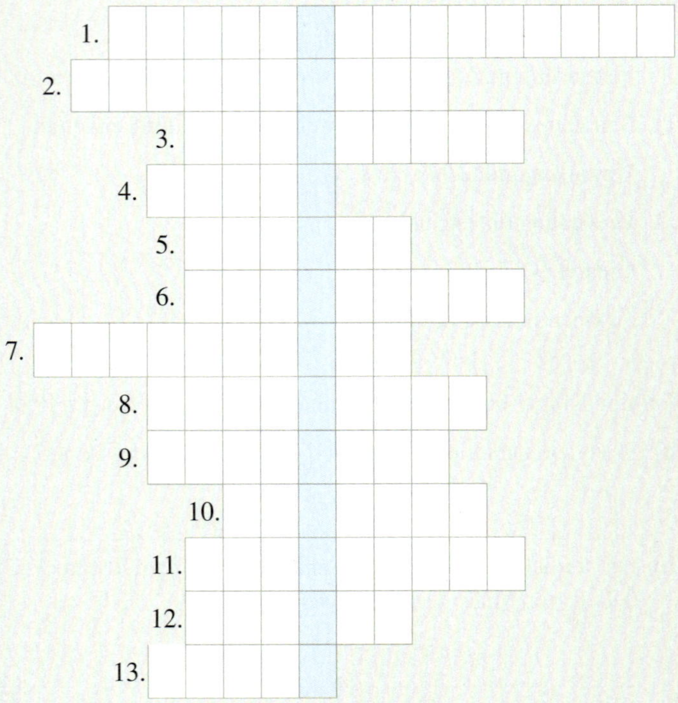